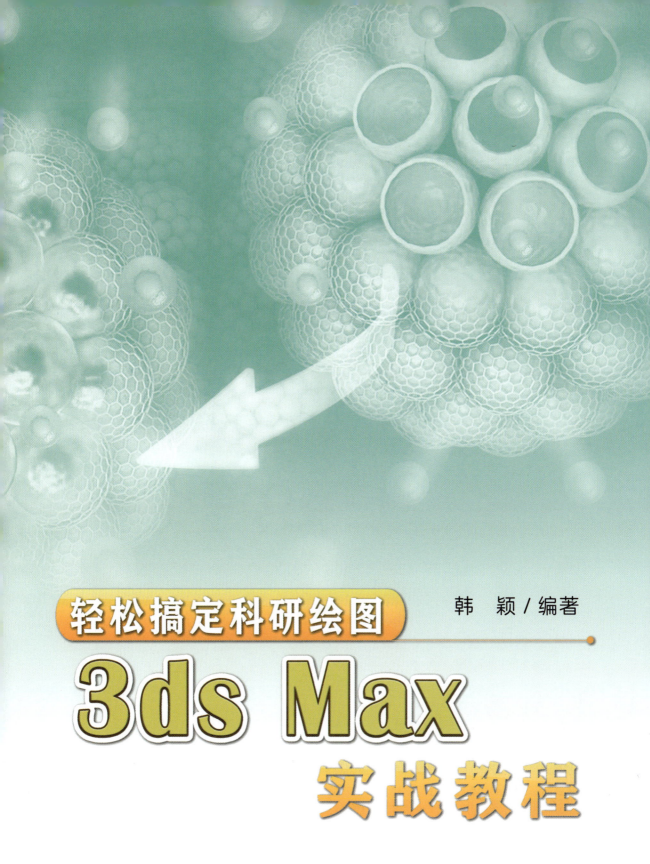

轻松搞定科研绘图

韩 颖 / 编著

3ds Max 实战教程

中国科学技术大学出版社

内 容 简 介

本书将3ds Max的基础操作附于一个个高频使用的案例中,更加贴近科研实际。案例涉及生物、化学、材料、物理等学科领域,覆盖广泛。全书分为五章,由浅入深地将3ds Max的绘图功能向读者逐一展开。阅读时可按照章节顺序,也可以根据实际需求挑选个别章节、个别案例学习,使用上灵活多变。

本书可配合松迪线上视频教学课程使用。

本书适合有科研绘图需求的广大科研工作者使用,也适合学习科普图像设计和对科研绘图感兴趣的读者阅读使用。

图书在版编目(CIP)数据

轻松搞定科研绘图:3ds Max实战教程/韩颖编著. ——合肥:中国科学技术大学出版社,2020.6
ISBN 978-7-312-04700-8

Ⅰ. 轻… Ⅱ. 韩… Ⅲ. 三维动画软件—应用—科学研究工作—教材 Ⅳ. G31-39

中国版本图书馆CIP数据核字(2019)第095547号

出版	中国科学技术大学出版社 安徽省合肥市金寨路96号,230026 http://press.ustc.edu.cn https://zgkxjsdxcbs.tmall.com
印刷	合肥市宏基印刷有限公司
发行	中国科学技术大学出版社
经销	全国新华书店
开本	787 mm×1092 mm 1/16
印张	15.5
字数	377千
版次	2020年6月第1版
印次	2020年6月第1次印刷
定价	88.00元

前 言

2007年,我从校园进入社会,抱持着对科研事业的向往和憧憬,激情满怀地做着自己喜欢的科研工作。工作中我慢慢发现,想要科研思路表述更清晰明了、工作进展汇报更生动形象、结题报告更容易获得认可、宣传展示更吸引眼球,甚至想让论文更容易被接受,好的图像设计具有重要的意义。一幅制作"稀烂"的图像可能会给工作造成很大的被动,显得不专业,瞬间拉低评审的印象还是其次,反复返工修改甚至论文被拒收才是更大的麻烦。一幅设计精良的图像,不论其作用是准确描述、提升美感、画龙点睛,还是"引人入胜",都具有极大的现实意义,这也是我从科研工作一次次的血泪教训中得出的经验。

写作、英文、数据分析等对于包括曾经的我在内的科研工作者都是基本的必需的"看家本领",自然不在话下,而画图这件事,绝大多数科研工作者除了会从数据分析软件生成图像和用PPT画一些技术路线图之外,完全摸不着头脑。我尝试过求助专业的设计人员,发现和没有任何科研背景的纯设计人员沟通图像内容是一件效率极低的事情,我做的实验他不懂,我想要的图像内容他不理解,任何一个我没提到的细节都有可能被画出"反科学"的图像,对设计师一点一滴进行"科普",浪费时间不说,还可能被气到"吐血"。于是我开始自学绘图,跟着市面上常见的"一本通",从中筛选、借鉴、整理、消化、改进,历尽千辛万苦,也走过不少弯路。实践出真知,正是在艰辛曲折的自学绘图过程中,我发现了科研绘图的独特魅力,也更加理解了科研绘图的非凡意义。如果能够帮助曾经像我一样无法将心中的完美科研成果呈现出来的广大科研工作者，岂不是一件美事？就这样，我走上了创业之路，成立了松迪科技公司（www.sondii.com），与一群富有激情的年轻人组建起团队，专门为科研人员制作图像。十余年间，从我自己都不知道该如何描述我所从事的行业，到受松迪科技的影响，国内已经成立起好几家从事科研图像设计的公司；科研人员们也从惊讶于原来市场上还有这样的服务，到现在很多高水平科研人员已经习惯于将复杂图像制作直接外包来提高工作效率。十余年间，我和我的团队设计了数千幅科学图像，其中绝大多数为论文发表所使用的图像，不乏CNS等顶级期刊，毫不夸张地说，在顶刊图像的设计能力和作品质量上，处于顶尖水平，服务对象遍布全球。这与我们潜心设计科研图像有密不可分的关系，多年来，我们拒绝了无数人的PPT设计和美化、广告设计的业务请求，最大限度地保证了我们服务理念的纯洁和持续高水平的服务质量。

然而，时代总在不断地发展，科研人员对图像的要求也愈发苛刻，同时考虑到图像绘制时的传达精准度和效率问题，如能自己设计，随心所欲、恣意挥洒，岂不快哉？系统、精准学习科研图像设计的需求逐渐形成并日益扩大。基于此，从2013年5月起，松迪科技推出"SCI论文配图/科研绘图专题培训"，将多年绘图经验归纳总结，融合专业优势、科研经历，用最通俗、简捷的方式指导科研人员学习绘图。截至目前，参训学员数千人，全部为一线科研人员或在读研究生，令人敬佩的是，不少中年教授、副教授还在百忙之中前来参加学习。不少学员利用培训掌握的绘图技巧，制作图像并成功发表于国际高水平期刊上，其中不乏制作成熟、设计精巧的封面图像。我也曾受邀代表松迪科技在中国科学院文献信息中心、北京大学、北京航空航天大学、北京理工大学、北京化工大学、西安交通大学、华中农业大学、中国安全生产科学研究院、中国医学科学院药物研究所、中国科学院大连化学物理研究所、中国科学院生态环境研究中心、中国科学院微生物研究所等高等院校和科研单位举办论文配图讲座及专场培训近百场。

在新媒体方面，我们撰写了一些简易教程，在公司的微信公众号"松迪科技"上连载有关绘图技巧的文章，也开展了线上讲座和视频教学。各种方式有其优势，也有其劣势。课堂培训的优点是面对面教学，直接沟通、交流、讨论，学习效率非常高，缺点是需要连续几天的时间；新媒体或视频教学的优点是可以在闲暇时间自主学习，但信息较碎片化，不系统，沟通交流效率低，融会贯通难。

因此，很多科研人员提出并时常催促我尽快出版系列教材，方便外地的师生系统学习，也可以放在手边，随时拿来参考。而我本人也一直怀着这样的理想，希望能把这十多年的收获尽数分享给大家。此事一拖再拖，除了忙于公司的经营和管理外，我也一直在思考，教材用什么样的形式更加适合科研人员高效学习和掌握？要保留哪些最贴近科研的核心内容，摒弃哪些阅读起来浪费时间的章节？思路一改再改，甚至全部推翻重来。

  随着这套书的问世，我之前的承诺终于兑现，希望不负各位老师的苦苦等待。我们起了一个看上去平易近人甚至显得有些俗气的书名——《轻松搞定科研绘图》，整套书共分四册，分别为《3ds Max 实战教程》《Maya 实战教程》《Photoshop 实战教程》和《Illustrator 实战教程》。全套书重点突出"轻松"二字，为贴近科研实战，节省科研人员宝贵的时间，我们将软件介绍和操作简化，精心挑选科研绘图常用的工具，章节设置从实际案例要呈现的图像结构出发，尽最大可能帮助科研人员高效学习、精准学习。

  您现在看到的这本书为《轻松搞定科研绘图》系列的《3ds Max 实战教程》。3ds Max 功能强大，在模型塑造、场景渲染、动画特效等方面具有优势，能制作出高品质的对象，建模当中由于其修改器便捷、灵活、多样，对于科研图像中各种材料、化学、生物等结构的绘制非常方便。本书的编写基于 Autodesk 3ds Max 2018 版软件，我们对本书的章节做了精心设计，由浅入深地将 3ds Max 的绘图功能向读者逐步展开。全书分为五章，分别为认识 3ds Max、基础建模、高级建模、渲染技术、综合运用。前三章重点解决模型的结构和形态；第 4 章解决模型的材质和渲染；第 5 章综合利用前四章内容制作完整的论文配图（原理图）和期刊封面，此章配有视频教学内容（课程网址 http://sondii.ke.qq.com），可在线观看。书中拓展案例及作品赏析中所有图像均为松迪科技设计的作品，为读者练习时提供参考，拓展设计思路。

  通过本书的学习，结合科研图像常用结构模型案例练习、整体图像制作，读者可以快速掌握 3ds Max 建模和渲染操作，能够方便、快捷、高效、准确地实现某些复杂的立体结构，满足科研工作中绘制较复杂立体结构图像的需求。

作 者

目录 Contents

前言 / i

第 1 章 认识 3ds Max

1.1 3ds Max 的应用领域 / 002
1.2 3ds Max 的工作界面 / 002
  1.2.1 标题栏 / 003
  1.2.2 菜单栏 / 004
  1.2.3 工具栏 / 004
  1.2.4 视图区 / 004
  1.2.5 视图控制区 / 006
  1.2.6 命令面板 / 006
  1.2.7 功能区 / 006
  1.2.8 动画控制区 / 006
  1.2.9 时间滑块与轨迹栏 / 007
1.3 文件的提取和保存 / 007
  1.3.1 文件的提取 / 007
  1.3.2 文件的保存 / 008
1.4 对象的选择方法 / 009
  1.4.1 选择对象 / 010
  1.4.2 按名称选择 / 010
  1.4.3 区域选择 / 010
  1.4.4 窗口/交叉 / 011
1.5 视图的控制 / 011

1.5.1　缩放 / 011

　　1.5.2　缩放所有视图 / 012

　　1.5.3　最大化显示选定对象 / 012

　　1.5.4　所有视图最大化显示选定对象 / 012

　　1.5.5　视野 / 012

　　1.5.6　平移视图 / 012

　　1.5.7　环绕子对象 / 012

　　1.5.8　最大化视口切换 / 012

1.6　对象的移动、旋转、缩放 / 013

　　1.6.1　移动命令 / 013

　　1.6.2　旋转命令 / 014

　　1.6.3　缩放命令 / 015

1.7　本章小结 / 016

第 2 章　基础建模

2.1　建模常识 / 018

2.3　创建扩展基本体 / 022

2.4　创建二维图形 / 024

　　2.4.1　线 / 025

　　2.4.2　螺旋线 / 025

　　2.4.3　加强型文本 / 026

2.5　本章小结 / 028

第 3 章　高级建模

3.1　修改器基础知识 / 030

3.2　多边形建模基础知识 / 032

3.3　案例实操 / 038

　　3.3.1　DNA 建模 / 038

　　3.3.2　电极建模 / 042

　　3.3.3　单边掀起多层板建模 / 046

　　3.3.4　核壳结构建模 / 050

3.3.5 纳米颗粒一建模 / 055

3.3.6 纳米球壳建模 / 058

3.3.7 起伏膜层建模 / 063

3.3.8 石墨烯建模 / 066

3.3.9 碳纳米管建模 / 071

3.3.10 碳包覆球体建模 / 075

3.3.11 碳包覆八面体建模 / 080

3.3.12 纳米花建模 / 087

3.3.13 纳米花棒建模 / 092

3.3.14 纳米颗粒二建模 / 097

3.3.15 纳米颗粒三建模 / 102

3.3.16 散布小球建模 / 106

3.3.17 介孔球建模 / 110

3.3.18 纳米颗粒四建模 / 116

3.3.19 纳米颗粒五建模 / 123

3.3.20 多孔材料一建模 / 130

3.4 石墨建模工具 / 133

3.4.1 起伏石墨烯建模 / 134

3.4.2 不规则多面体建模 / 137

3.5 粒子系统、水滴网格的运用 / 141

3.5.1 粒子融合效果建模 / 141

3.5.2 多孔材料二建模 / 145

3.6 本章小结 / 150

第4章 渲染技术

4.1 灯光技术 / 152

4.2 摄影机技术 / 154

4.3 渲染器设置 / 154

4.4 材质技术 / 161

4.4.1 材质编辑器 / 161

4.4.2 V-Ray 材质 / 163

4.5 本章小结 / 166

第 5 章　综合运用

5.1　配图案例 / 168

5.1.1　元素 A / 168
5.1.2　元素 B / 173
5.1.3　元素 C / 174
5.1.4　元素 D / 175
5.1.5　元素 E / 179

5.2　封面案例 / 183

5.2.1　球体阵列 / 184
5.2.2　主体结构 / 187
5.2.3　释放结构 / 192
5.2.4　吸收结构 / 197
5.2.5　游离小球与颗粒 / 199
5.2.6　箭头 / 200

附录　3ds Max 高频使用快捷键及快捷键的获取和自定义

案例索引

作品赏析

第 1 章

认识3ds Max

本章主要学习3ds Max科研绘图的基础知识部分，带领大家熟悉软件界面、常用设置和常规操作。

1.1　3ds Max 的应用领域

3D Studio Max，常简称为 3ds Max 或 3d Max，是 Discreet 公司（后被 Autodesk 公司合并）开发的基于 PC 系统的三维动画渲染和制作软件。3ds Max 在模型塑造、场景渲染、动画及特效等方面都能制作出高品质的对象，因此广泛应用于广告、影视、工业设计、建筑设计、三维动画、多媒体制作、游戏、辅助教学以及工程可视化等领域，是全球最受欢迎的三维制作软件之一。也因为其包含各种修改器，使用起来简单便捷，不用进行复杂的多边形建模，便于进行科研图像中各种元素结构的绘制，特此有针对性地讲解运用 3ds Max 去创建科研绘图中各种元素的结构模型的便捷方法。

Autodesk 公司出品的 3ds Max 较高版本的软件相对于较低版本功能更加强大，同时也对电脑配置有更高的要求（尤其是便携式笔记本电脑）。对于常规的科研图像绘制，近几年的软件版本基本都可以实现操作，不同版本的工具内容、操作方法也基本相同，差异主要体现在界面风格、图标样式及增加新功能上，本书的编写基于 3ds Max 2018 版（以下简称 3ds Max）。

1.2　3ds Max 的工作界面

在启动 3ds Max 的过程中，可以观察到 3ds Max 的启动画面，如图 1.2.1 所示。启动完成后会出现 3ds Max 的欢迎屏幕，如图 1.2.2 所示，下面六个点分别对应欢迎屏幕、软件工作界面分布以及各类教学指南，如果不需要下次弹出此屏幕，可将此弹框左下角"在启动时显示此屏幕"前的钩去掉，然后关闭即可。

图 1.2.1

图 1.2.2

3ds Max 的工作界面主要分为：标题栏、菜单栏、工具栏、视图区、视图控制区、命令面板、功能区（石墨建模工具）、动画控制区、时间滑块与轨迹栏，如图 1.2.3 所示。

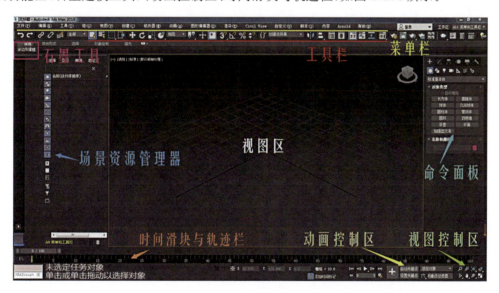

图 1.2.3

1.2.1 标题栏

标题栏如图 1.2.4 所示，用于显示 3ds Max 文档标题，即当前模型文件的名称。

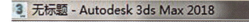

图 1.2.4

1.2.2 菜单栏

3ds Max 菜单栏位于屏幕界面的最上方,如图 1.2.5 所示。菜单中的命令如果带有省略号,表示会弹出相应的对话框,带有小箭头的表示还有下一级的菜单。菜单栏中的大多数命令可以在相应的命令面板、工具栏或快捷菜单中找到,远比在菜单栏中执行命令方便得多。

图 1.2.5

1.2.3 工具栏

在 3ds Max 菜单栏的下方有一栏工具按钮,称为工具栏,如图 1.2.6 所示,通过工具栏可以快速访问 3ds Max 中很多常见任务的工具和对话框。将鼠标移动到按钮之间的  处,鼠标箭头会变为十字状,这时可以拖动鼠标来左右滑动主工具栏,以看到隐藏的工具按钮。

图 1.2.6

在主工具栏中,有些按钮的右下角有一个小三角形标志,这表示此按钮下还隐藏有多重按钮选择。当不知道命令按钮名称时,可以将鼠标箭头放置在按钮上停留几秒钟,就会出现这个按钮的中文命令提示。

> **提示** 找回丢失的主工具栏的方法:单击菜单栏中的【自定义】|【显示】|【显示主工具栏】命令,即可显示或关闭主工具栏,也可以按键盘上的"Alt+6"键进行切换。

1.2.4 视图区

视图区的正中央,几乎所有的操作,包括建模、赋予材质、设置灯光等工作都要在此完成。当首次打开 3ds Max 中文版时,系统默认状态是以一个透视视图的划分方式显示的,如图 1.2.7 所示。如想改变视图分布,可在菜单栏中的【视图】|【视口配置】|【布局】中修改,如图 1.2.8 所示。

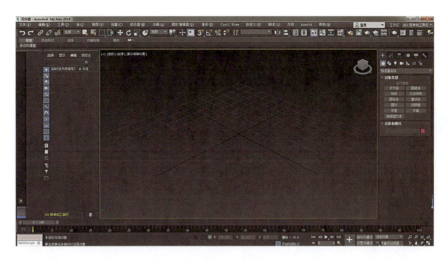

图 1.2.7

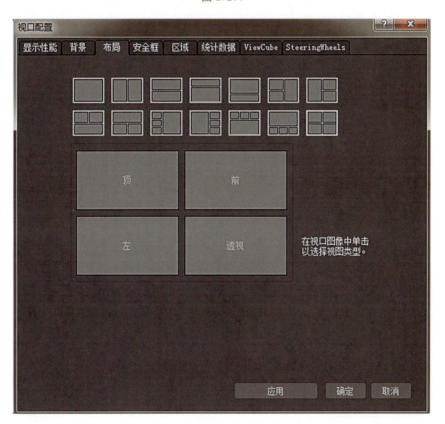

图 1.2.8

> **提示** 顶视图：显示物体从上往下看到的形态，默认快捷键为"T"；前视图：显示物体从前往后看到的形态，默认快捷键为"F"；左视图：显示物体从左往右看到的形态，默认快捷键为"L"；透视视图：一般用于观察物体的形态，默认快捷键为"P"。

1.2.5 视图控制区

3ds Max 视图控制区位于工作界面的右下角,如图 1.2.9 所示。主要用于调整视图中物体的显示状态,通过缩放、平移、旋转等操作达到方便观察的目的。

图 1.2.9

1.2.6 命令面板

位于视图区最右侧的是命令面板,如图 1.2.10 所示。命令面板集成了 3ds Max 中大多数的功能与参数控制项目,它是核心工作区,也是结构最为复杂、使用最为频繁的部分。创建任何物体或场景主要通过命令面板进行操作。在 3ds Max 中,一切操作都是由命令面板中的某一个命令进行控制的。命令面板中包括创建、修改、层次、运动、显示和实用程序六个面板。鼠标指针放在命令按钮上会显示其名称。

图 1.2.10

1.2.7 功能区

在工具栏与视图窗口之间的区域为功能区,如图 1.2.11 所示。该区域提供了多边形建模快捷工具,也称为石墨建模工具。选择三角形箭头可以选择展开或收起功能区面板,功能区可以点击菜单栏中的【自定义】|【显示】|【显示功能区】选择关闭或打开。

图 1.2.11

1.2.8 动画控制区

动画控制区的工具主要用来控制动画的设置和播放。动画控制区位于屏幕的下方,如图 1.2.12 所示。用来滑动动画帧的时间滑块位于 3ds Max 视图区的下方。

图 1.2.12

1.2.9 时间滑块与轨迹栏

时间滑块与轨迹栏如图1.2.13所示,用于设置动画、浏览动画以及设置动画帧数等。

图1.2.13

1.3 文件的提取和保存

文件的提取与保存是3ds Max应用当中首要的命令,这里提取与保存的都是三维模型源文件,并不是通常所认为的最终图像,图像还需要通过渲染来获取和保存。

1.3.1 文件的提取

3ds Max的文件打开方式有两种:一种是在菜单栏中点击"打开"图标,如图1.3.1所示,然后在弹出的对话框中找到文件的存储路径,双击打开即可;另一种方法就是找到需要打开的文件,鼠标左键单击文件并按住不放,直接拖到3ds Max工作区,选择"打开文件"即可。

如果打开的文件不是max格式,可以在菜单栏中点击"导入"图标,将文件导入到软件中进行编辑。

如果想将另一个max格式的文件导入到当前已有的max文件中来,可以在菜单栏中点击"导入"下的"合并"选项,如图1.3.2所示;在弹出的合并对话框中选择需要合并的对象,如果要全部合并,可点击窗口中的"全部"按钮。如果导入的对象中有名称与当前场景中的对象名称相同,系统会弹出"重复名称"对话框,可以选择"自动重命名",并勾选"应用与所有重复对象",如图1.3.3所示。也可以鼠标左键单击另外一个max文件并按住不放,直接拖到3ds Max工作区,选择"合并文件"即可。

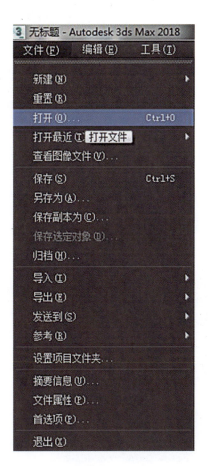

图1.3.1

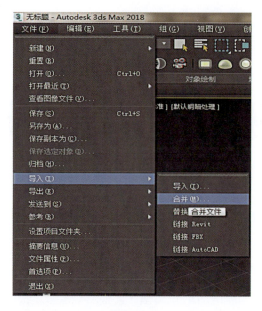

图 1.3.2

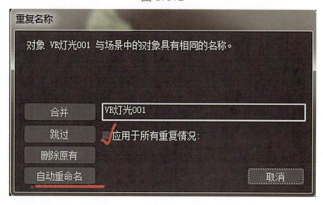

图 1.3.3

1.3.2 文件的保存

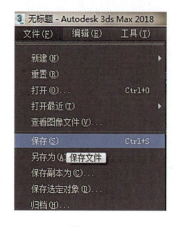

图 1.3.4

3ds Max 的文件的保存方式有"保存"与"另存为",都是在菜单栏中点击相应选项即可,最终保存的都是 max 格式的文件。

在菜单栏中点击"保存"命令可以通过覆盖上次保存的场景版本更新场景文件或按下"Ctrl + S"快捷键,如图 1.3.4 所示。如果先前没有保存场景,则此命令的工作方式与"另存为"命令相同。

"另存为"命令是以一个新的文件名称来保存当前 3ds Max 场景的,以便不改动旧的场景文件,在菜单栏中单击应用程序按钮,弹出的下拉菜单中选择"另存为"命令即可。

3ds Max 中建立的模型也可以导出存储为 max 之外的格式，比如 DWG、OBJ、STL、FBX 等，同样，在菜单栏中点击"导出"图标即可。

在实际操作过程中，偶尔会发生突发现象，不小心碰到电源或软件崩了，这时就需要自动备份功能。单击 3ds Max 菜单栏中的【自定义】|【首选项】命令，在弹出的"首选项设置"对话框中选择【文件】选项，在【自动备份】选项组中可以设置备份的间隔、名称及数量，如图 1.3.5 所示。

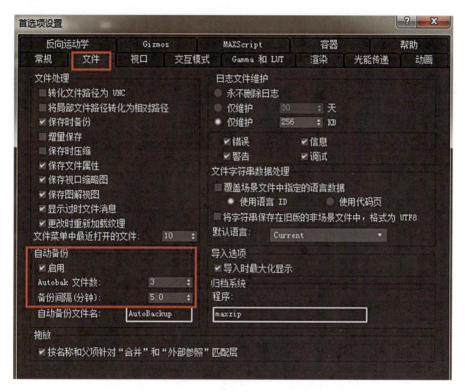

图 1.3.5

1.4 对象的选择方法

对象的选择是对对象进行编辑的首要步骤，在 3ds Max 中工具栏中共有四个和选择有关的图标，如图 1.4.1 所示，当鼠标停在图标上时会显示图标的功能，依次为"选择对象""按名称选择""矩形选择区域"和"窗口/交叉"。

图 1.4.1

1.4.1 选择对象

点击鼠标选择对象图标 ![icon]，然后点中模型,该模型的外侧会显示长方体框的八个角,表明该对象被选中。按快捷键"J"可以切换显示或隐藏长方体框。

1.4.2 按名称选择

单击按名称选择按钮 ![icon] 之后弹出"从场景选择"对话框,可以看到当前场景中所有对象的名称。选择所需对象后,点击确定即可在视图中选中相应的对象,如图1.4.2所示。当然,首先应对自己整个场景中的模型非常了解,或者都有命名,知道哪个名称代表哪个模型,不然不如直接用"选择对象"的方法。

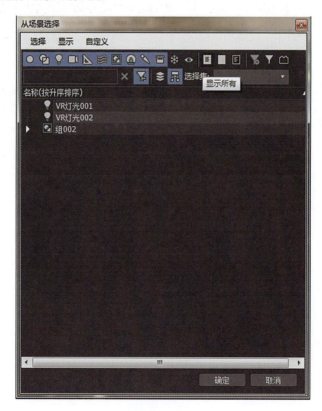

图 1.4.2

1.4.3 区域选择

区域选择方式共有五种,分别为矩形、圆形、围栏、套索和绘制。单击图标 不放可弹出下拉工具单,选择不同的方式后可在视图中拖动生成选定框,区域选择即选定框的形式和方法。

1.4.4 窗口/交叉

窗口 表示对象被选定框全部框选在内才会被选中,交叉 则表示只要对象有一部分在选定框内就会被选中。窗口和交叉只是选择的两种模式,需要与"区域选择"配合使用。应用时,先用鼠标单击该图标为窗口选择,再次单击为交叉选择。然后用"区域选择"选定需要的选定框去框选想要的模型。

> **注** 在要选择多个独立模型的情况下,可以在选择的同时按住"Ctrl"键进行加选;反之,选择时按住"Alt"键可以减选;全选的快捷键为"Ctrl + A"。

1.5 视图的控制

一切对视图的控制都是为了便于观察所建的场景模型,因此,对视图的控制是进行建模操作的方向盘,只有先熟悉了方向盘,才能控制视图,把握自己的建模方向。

视图控制区在软件的右下角,该区域有八个功能图标,分别为缩放、缩放所有视图、最大化显示选定对象、所有视图最大化显示选定对象、视野、平移视图、环绕子对象和最大化视口切换,其图标如图1.4.1所示。

> **注** 使用视图控制区的命令只是控制模型的观察视角,缩放、旋转都不会改变模型的原有尺寸以及角度。

1.5.1 缩放

点击缩放命令按钮 ,在当前视图区按住鼠标左键不放,拖动鼠标即可实现缩放效果,缩放时鼠标指针变成放大镜形状。

1.5.2　缩放所有视图

同上，点击缩放所有视图按钮 ![], 在当前视图区按住鼠标左键不放，拖动鼠标即可实现缩放效果。不同的是，"缩放"命令只针对当前视图缩放；"缩放所有视图"命令使所有视图中模型都将同时缩放。

1.5.3　最大化显示选定对象

最大化显示选定对象 ![], 即先选中需要的模型，然后点击该命令，选定的模型就会最大化显示在视图中，对应的快捷键为"Z"。

1.5.4　所有视图最大化显示选定对象

所有视图最大化显示选定对象 ![], 即点击该命令视图中所有模型都以整体最大化形式出现在视图中。

1.5.5　视野

点击视野按钮，选中所要缩放的区域，按住鼠标左键不放，上下移动鼠标即可实现缩放区域。

1.5.6　平移视图

点击平移视图按钮 ![] 后，鼠标指针变成手的形状，拖动鼠标即实现视图的移动。一般为了方便，可以按住鼠标中键（滚轮）不放，拖动鼠标实现视图的移动。

1.5.7　环绕子对象

快捷键为"Ctrl+R"，点击环绕子对象按钮 ![] 后，鼠标指针变成旋转箭头的形状，拖动鼠标实现视图的旋转。一般为了方便，先按住"Alt"键，再按住鼠标中键拖动即可旋转视图。

1.5.8　最大化视口切换

最大化视口切换 ![], 即将当前视图最大化显示，如图1.5.1所示。最大化视口切换的快捷键是"Alt + W"。

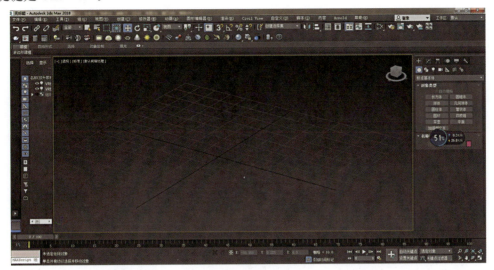

图 1.5.1

> **注** 一般若按鼠标中键进行平移跟缩放没有反应,可以更换鼠标,有的鼠标不支持该操作。

1.6 对象的移动、旋转、缩放

3ds Max 中对象的基本操作方式有三种:移动、旋转和缩放,分别对应于主工具栏中的"选择并移动""选择并旋转"和"选择并均匀缩放",其图标如图 1.6.1 所示。点击相应的图标,然后选择对象;或者先选择对象,再点击相应图标,方可对对象进行相应操作。

图 1.6.1

每种控制方式均以 x、y、z 三个方向为基准,对应显示为红、绿、蓝三原色。当鼠标指针移至相应的坐标轴或坐标平面时,对应的控制轴或控制平面会高亮显示(亮黄色)。此时点击鼠标拖动即可进行相应的操作。

1.6.1 移动命令

移动命令的快捷键为"W"。执行移动命令时,将鼠标指针放在相应的坐标轴或坐标轴平面，就可以按不同的方向对模型进行移动操作。鼠标指针在坐标轴上，该坐标轴变亮（亮黄色），同时物体沿该坐标轴单向移动，如图1.6.2所示；鼠标指针在坐标轴平面上，该坐标轴平面变亮（亮黄色），同时物体在该坐标轴平面方向移动，如图1.6.3所示。

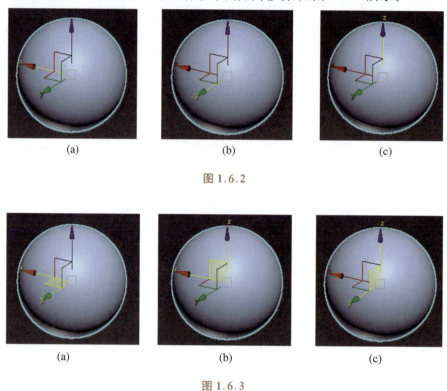

图1.6.2

图1.6.3

1.6.2 旋转命令

旋转命令的快捷键为"E"。旋转操作通过三个正交的圆来控制，红、绿、蓝分别表示以X、Y、Z轴为旋转轴。当圆形高亮显示时，点击拖动鼠标可使得对象沿相应的轴发生转动。切线箭头表示旋转的方向，中括号内的数值表示旋转的角度，如图1.6.4所示。如果转动时三个控制圆都没有高亮显示，表示旋转没有旋转轴的限制，可360°自由旋转。

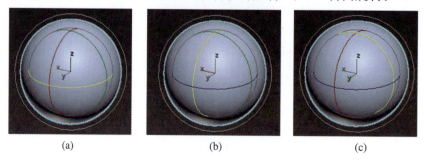

图1.6.4

1.6.3 缩放命令

缩放命令的快捷键为"R"。同样地,执行缩放命令时,将鼠标指针放在相应的坐标轴或坐标轴平面,就可以按不同的方向对模型进行缩放操作。鼠标指针在坐标轴上,该坐标轴变亮(亮黄色),同时物体沿该坐标轴单轴缩放,如图 1.6.5 所示；鼠标指针在坐标轴平面上,该坐标轴平面变亮(亮黄色),同时物体在该坐标轴平面方向缩放,如图 1.6.6 所示。鼠标指针在物体中心,三个坐标轴平面同时变亮(亮黄色),物体成等比缩放,如图 1.6.7 所示。前两种属于非均匀缩放,最后一种是均匀缩放。

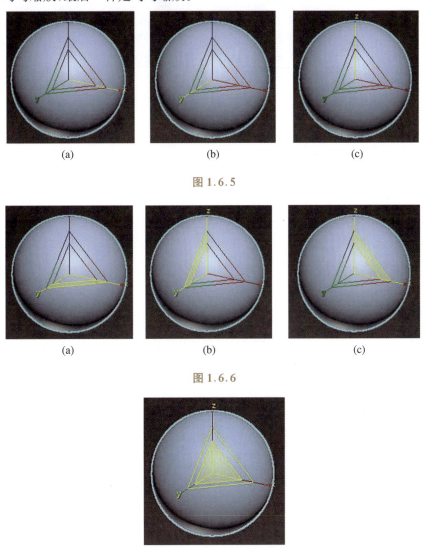

(a)   (b)   (c)

图 1.6.5

(a)   (b)   (c)

图 1.6.6

图 1.6.7

缩放操作有三种模式，分别为"选择并均匀缩放""选择并非均匀缩放"和"选择并挤压"，长按图标会弹出下拉列表，如图1.6.8所示。

在使用鼠标操作时，前两种模式并没有区别。缩放时需要注意的是上面介绍的控制轴的选择，单轴为轴向缩放，双轴为平面缩放，三轴为整体缩放。

在对多个对象同时进行旋转或缩放操作时，还需要注意主工具栏中的"使用中心"图标选项。其下拉列表中有"使用轴点中心""使用选择中心"和"使用变换坐标中心"三种方式，如图1.6.9所示。

图1.6.8

图1.6.9

三种方式分别是指以自身轴心、整体轴心和当前坐标系中心为轴心进行旋转或缩放操作，在建模时要灵活运用。

1.7　本章小结

本章主要讲解了3ds Max的界面组成、各种界面元素的作用以及基本工具的使用方法。需要熟练掌握3ds Max界面的控制（视口最大最小化切换）、视图的控制（模型视角的转换、平移、旋转，自由地观察物体各个角度）、模型的控制（移动、旋转、缩放命令的操作）。

第 2 章

基 础 建 模

科研图像中经常包含大量的规则形状。比如，我们经常也用球体或者多个球体堆积来表达原子、分子、气体等；常使用长方体代表容器、仪器设备、片层结构的一部分等；也常用一些类似规则形状来代表特定结构，如六边形代表苯环，八面体代表锂电池分子结构等。而这些规则形状通过软件的基本建模就完全可以实现，且简便易行。

2.1 建模常识

使用 3ds Max 绘制科研图像时，一般都遵循建模、材质、灯光、渲染这四个基本流程。建模是基础，一切的灯光渲染都是对模型进行作用，所以模型的建立是科研图像绘制的前提。

建模之前需要掌握建模的思路，不可盲目去做，多数的模型创建在最初阶段都需要一个简单对象作为基础，然后经过转换来进一步调整。

3ds Max 中所有对象都是"参数化对象"与"可编辑对象"的一种，"可编辑对象"在多数时候可以通过转换"参数化对象"来得到。

"参数化对象"是指可以通过修改参数来改变几何形态的对象，通常是直接创建出来的，例如长方体、圆柱体等。

"可编辑对象"通常情况下包括"可编辑样条线""可编辑网格""可编辑多边形""可编辑片面"和"NURBS 对象"。在多数时候可以通过转换"参数化对象"来得到，一般可以选中"参数化对象"，右击即可出现"转换为："，如图 2.1.1 所示。

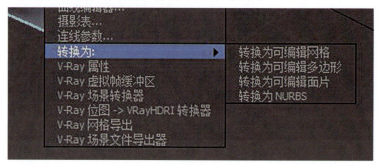

图 2.1.1

2.2 创建基本体

图 2.2.1

基本体是 3ds Max 中自带的基本模型，可直接创建（即前文提到的"参数化对象"）。一般在"创建"面板中单击"几何体"，然后在下拉面板中选择几何体类型。"标准基本体"包含十种对象类型：长方体、圆锥体、球体、几何球体、圆柱体、管状体、圆环、四棱锥、茶壶和平面，如图 2.2.1 所示。这些基本体的创建只需按下需要创建的对象按钮，然后在视图区拖动鼠标左键即可。

几何球体在绘制科研图像中经常会用到，在 3ds Max 中可以创建完整的几何球体，也可以创建半球体，只需在"半球"前面勾上即可得到半球的模型，如图

2.2.2所示。

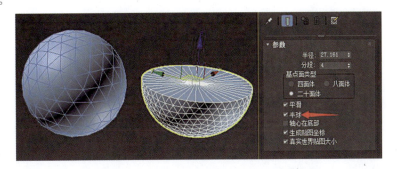

图 2.2.2

参数下"半径"是指该几何球体的半径;"分段"是设置几何球体多边形分段的数目,分段越多球体越圆滑;"基点面类型"是选择几何球体表面的基本组成类型,可供选的有"四面体""八面体"和"二十面体"。

> **注** 基本体中还有"几何球体"。球体形状与几何球体形状很接近,但几何球体由三角面构成,球体由四角面构成,如图2.2.3所示。在绘制球棍模型较多或球棍模型阵列模型时尽可能选择"几何球体"进行创建,因为"球体"面数多,容易造成电脑卡顿。

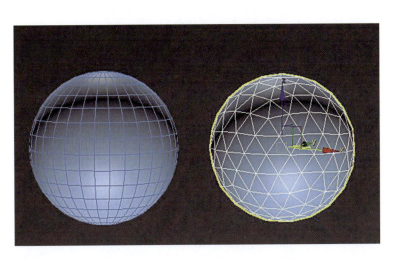

球体　　　　　　　几何球体

图 2.2.3

创建的几何球体或球体是"参数化对象",可以通过如上参数的调整来改变模型形态。也可以用鼠标右键选择"转化为可编辑多边形",进行进一步的修改(即转化为"可编辑对象"),如图 2.2.4 所示。转化为"可编辑对象"之后,在右侧修改面板中有顶点、边、边界、元素等子命令可供操作,如图 2.2.5 所示。如想要操作点,只要按下"顶点"按钮,然后选择模型上的顶点进行操作即可,如图 2.2.6 所示。

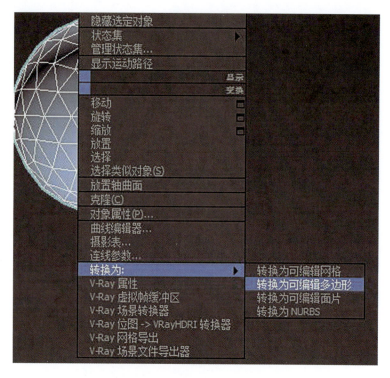

图 2.2.4

图 2.2.5

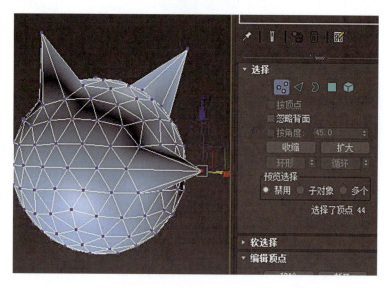

图 2.2.6

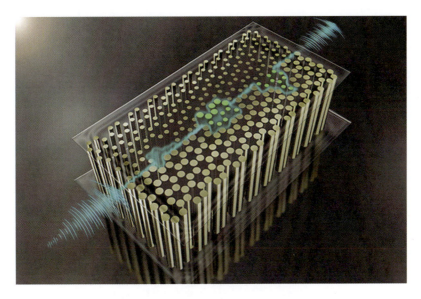

Nature Physics, Vol. 12, No. 12

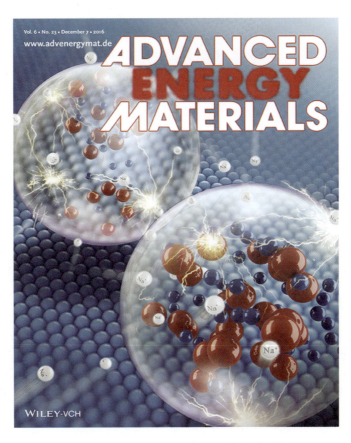

Advanced Energy Materiats, Vol. 6, No. 23

2.3 创建扩展基本体

"扩展基本体"是基于"标准基本体"的一种扩展物体,有十三种:异面体、环形结、切角长方体、切角圆柱体、油罐、胶囊、纺锤、L-Ext、球棱柱、C-Ext、环形波、软管和棱柱,如图 2.3.1 所示。

图 2.3.1

切角长方体、切角圆柱体与基本体中的长方体、圆柱体的区别在于多了一个调节倒角/圆角的参数,可以直接创建带倒角/圆角的长方体以及圆柱体。

异面体是一种很典型的扩展基本体,可以用它创建四面体、八面体、十二面体和星形等,如图 2.3.2 所示。

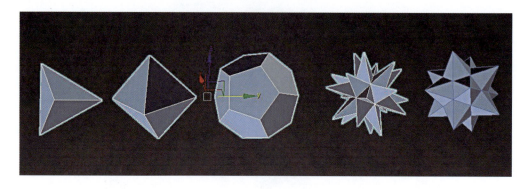

图 2.3.2

异面体参数介绍如下：

系列：选择异面体的类型，如图 2.3.2 所示。

系列参数：P、Q 主要用来切换多面体与面之间的关联关系，数值范围为 0～1。如图 2.3.3 所示的四面体、八面体就是通过改变 P、Q 的数值得到。

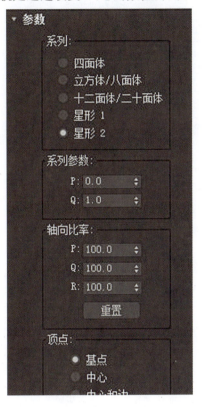

图 2.3.3

同样也可以用鼠标右键将该"参数化对象"转化为"可编辑对象"，然后在顶点、边、边界、元素等子命令中对模型做进一步调整。

如果图像中需要这类异面体（图 2.3.4），可直接修改参数渲染即可。

图 2.3.4

拓展案例

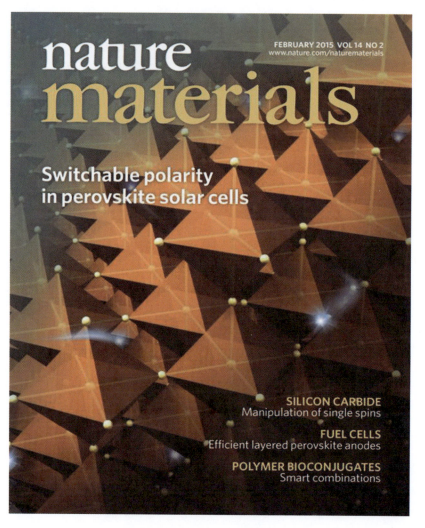

Nature Materials,Vol.14,No.2

2.4 创建二维图形

  二维图形由一条或多条样条线组成,样条线由顶点和线段组成,因此只需调整顶点及样条线参数就可以生成复杂的二维图形,利用二维图形可进一步生成三维模型。

在"创建"面板中单击"图形"按钮,然后设置图形类型为"样条线",就有如图 2.4.1 所示的 12 种样条线。

图 2.4.1

2.4.1 线

线在科研图像的模型绘制中很常用,其使用非常灵活,形状也不受约束,使用的时候与平面软件里的钢笔工具类似。在用线工具画完之后,需修改参数才能达到需要的效果。

渲染栏下的在渲染中使用:勾选该选项才能渲染出该样条线,如不勾选,则渲染时不显示该样条线。

渲染栏下的在视口中启用:勾选该选项才能在视图中显示该样条线的粗细宽度。

径向:以圆柱体的形式呈现样条线形状。

矩形:以长方体的形式呈现样条线形状。

差值栏下的自适应:勾选该选项,系统会自适应设置每条样条线的步数,以生成平滑的曲线。

2.4.2 螺旋线

螺旋线在科研图像的模型绘制中也很常用,经常会用来做 PEG,在纳米颗粒的运用上比较多。螺旋线也属于"参数化对象",可直接在样条线下创建。在用螺旋线工具画完之后,也需修改参数才能达到需要的效果。

渲染栏下的在渲染中使用:勾选该选项才能渲染出该螺旋线,如不勾选,则渲染时不显示该螺旋线。

渲染栏下的在视口中启用:勾选该选项才能在视图中显示该螺旋线的粗细宽度。

径向：以圆柱体的形式呈现样条线形状。
矩形：以长方体的形式呈现样条线形状。
半径1、半径2：分别是螺旋线两端螺旋的半径大小。
高度：螺旋线的长度。
圈数：螺旋线的螺旋环数。
偏移：改变均匀的螺旋线圈数。
通过调整螺旋线的半径、高度、圈数可以得到完全不同形状的螺旋线，如图2.4.2所示。

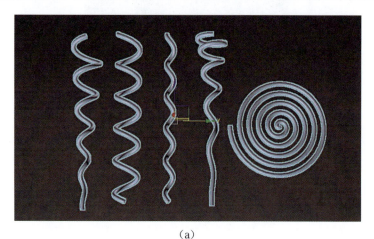

(a)

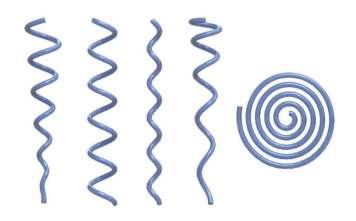

(b)

图 2.4.2

2.4.3 加强型文本

使用加强型文本样条线可以很方便地在视图中创建出文字模型，并且可以改变字体类型、大小、厚度、倒角以及字间距等，功能较为强大，如图2.4.3所示。

(a)

sondii

(b)

图 2.4.3

 拓展案例

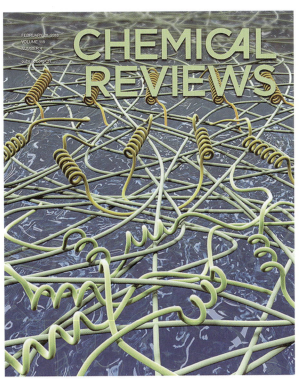

Chemical Reviews，Vol.118，No.4

2.5 本章小结

本章主要介绍 3ds Max 中基本模型的创建，无论是基本体，还是二维图形，都是科研图像绘制的基础。许多科研结构模型都是由各种基本体组合而成的，只有先了解各基本体的存在，熟练各基本体的创建，才能够在后续材料结构的模型制作中思路清晰地顺利建模。

第 3 章

高级建模

如果所有图像只能通过模型基本体来表达,那图像难免千篇一律,失去个性,甚至无法描述科研对象的具体细节。本章介绍高级建模技术,主要包括修改器建模和多边形建模,以及二者的综合运用。本章以案例为主,选择科研图像中常用的一些元素,并在每一个代表性案例之后辅以拓展案例,帮助大家整理设计思路、灵活运用工具。通过对本章的学习,可以掌握具有一定难度的模型的制作思路与方法。

3.1 修改器基础知识

"修改器"是修改面板中的灵魂,是可以直接对模型进行编辑,改变其几何形状及属性的命令。"修改器"在"修改"面板下,有一栏名为"修改器列表",在其右侧有个小三角形,点开就能看到所有的修改器命令,如图 3.1.1 所示。(一般有模型的情况下,点开小三角形才会出现各修改器,因为修改器是对模型作用的,在没有模型的空场景中点开,小三角形是空的,不显示各修改器命令。)修改器的好处在于可以直接给模型添加效果,无需进行复杂的多边形建模,理解简单,使用方便。

(a)　　　　　　　　　　　　　(b)

图 3.1.1

下面以"弯曲"修改器为例来认识修改器的作用:

1. 在视图区域创建一个"长方体",给长度、宽度设置一定的分段数,如图 3.1.2 所示。

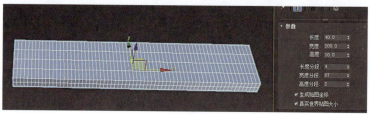

图 3.1.2

2. 然后在选中该"长方体"的情况下点击"修改"面板,点开"修改器列表"右侧的小三角形,找到"弯曲"修改器,如图3.1.3所示。

图 3.1.3

3. 在"弯曲"修改器修改参数下设置一定的角度,选择弯曲轴,就能让长方体有弯曲的效果,如图3.1.4所示。(弯曲角度根据自己的需求来定,可以是正的,也可以是负的。弯曲轴也根据自己的需求而定,在刚接触不了解的情况下可以三个轴都尝试选择,最后选定自己需要的轴向。)

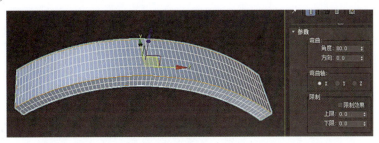

图 3.1.4

 拓展案例

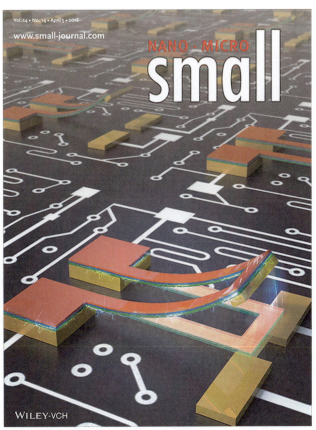

Small,Vol.14,No.14

3.2 多边形建模基础知识

多边形建模是当今主流的建模方式,在编辑上更加灵活,可以根据自己的想法去建模。在编辑多边形建模之前首先要明确多边形物体不是创建出来的,而是塌陷出来的,即不是"参数型对象",是"可编辑对象"。一般塌陷方法为:在物体上单击鼠标右键,然后在弹出的菜单中选择【转换为】|【转换为可编辑多边形】命令,如图 3.2.1 所示。

图 3.2.1

将物体转化为可编辑对象之后,就可以对可编辑多边形对象的顶点、边、边界、多边形和元素进行编辑。可编辑多边形的参数设置面板中包括 6 个卷展栏:"选择""软选择""编辑几何体""细分曲面""细分置换""绘制变形"。不过,在选择了可编辑多边形对象的顶点、边、边界、多边形和元素等不同的子命令后,参数面板中会增加对应子命令运用的卷展栏。

下面以烧杯模型的建立来体现多边形建模的过程:

1. 打开 3ds Max,在"创建"面板的"几何体"的"标准基本体"中选择"圆柱体",并在视图区建立模型,尺寸以及分段参数如图 3.2.2 所示。(先做出烧杯的基本造型。)

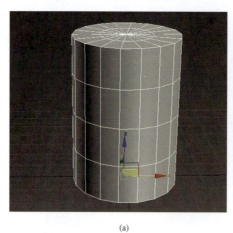

(a)　　　　　　　　(b)

图 3.2.2

2. 选中圆柱体,右击鼠标转换为可编辑多边形。在右侧"转换为可编辑多边形"子栏下选择"面"(快捷键为"4")的命令,并选中圆柱体顶面,按键盘"Delete"键将其删除(图 3.2.3、图 3.2.4)。

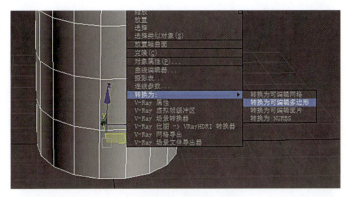

图 3.2.3

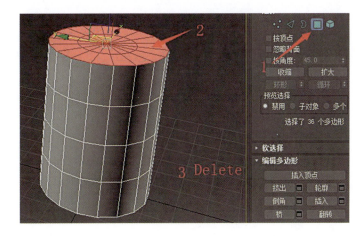

图 3.2.4

3. 切换到前视图(快捷键为"F"),选择"点"(快捷键为"1")的子命令,选择倒数第二排的点将其向下移动(快捷键为"W"),如图 3.2.5 所示;然后选中最下一排点,并用缩放工具(快捷键为"R")将其收缩,如图 3.2.6 所示。(做烧杯底部。)

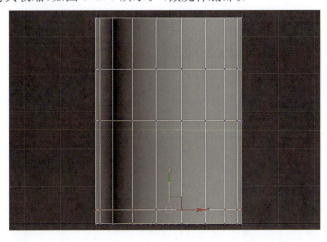

图 3.2.5

033

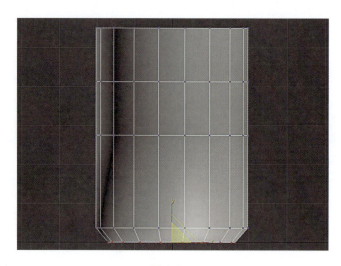

图 3.2.6

4. 开始进行烧杯口的调整。为了方便观察切换到线框模式(快捷键为"F3"),将中间的两排点上移(快捷键为"W")到如图 3.2.7 所示位置;选择最上一排点用缩放工具进行放大,如图 3.2.8 所示。

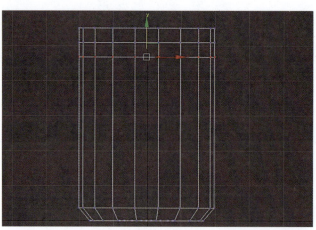

图 3.2.7

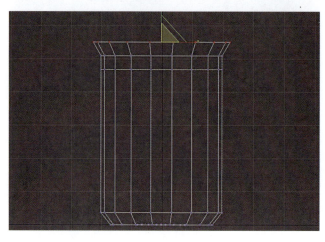

图 3.2.8

5. 然后开始烧杯口的制作。将选中点依次移动至如图3.2.9位置。

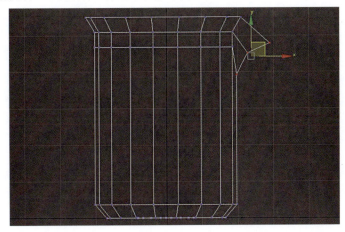

图 3.2.9

切换到透视图,取消线框模式(快捷键为"F3"),为了使烧杯嘴部更明显,在选择了点的子命令下右击鼠标选择"剪切"命令加几条线,如图3.2.10所示。点击增加线条,增加完成之后再次点击"点",退出子层级命令。

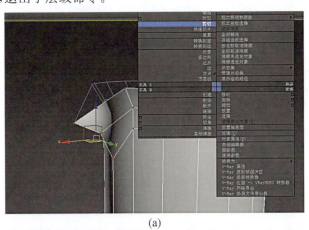

(a)

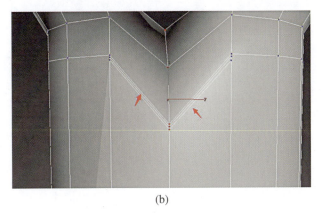

(b)

图 3.2.10

6. 打开"修改"面板里"修改列表器"右侧的小三角形标志,选择"壳"的修改器,如图

3.2.11所示,参数设置内部量为1.5。

(a) (b)

图 3.2.11

7. 打开"修改"面板里"修改列表器"右侧的小三角形标志,选择"涡轮平滑"的修改器,如图3.2.12所示,迭代次数设为2。

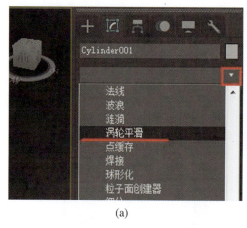 

(a) (b)

图 3.2.12

8. 可在内部新建一个圆柱体作为水,如图3.2.13所示。

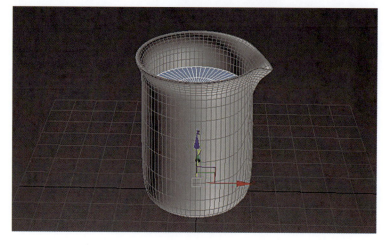

图 3.2.13

9. 给定材质,渲染成图,如图 3.2.14 所示。

图 3.2.14

ACS Catalysis,Vol. 8,No. 1

3.3 案例实操

本节开始讲解各科研图像元素案例,主要运用修改的命令,并配合运用多边形建模的方法。因为纯多边形建模方法对于初学者来说还是较有难度的,也难以控制。运用修改器命令会有更直观的理解,而且在 3ds Max 中运用修改器可以建立不少的材料学模型,容易上手,较为实用方便。

3.3.1　DNA 建模

DNA 模型的建立主要用到"扭曲"修改器。

1. 打开 3ds Max,在"创建"面板的"几何体"的"标准基本体"卷展栏中选择"长方体",并在视图区创建长方体作为 DNA 的一条链,尺寸以及分段参数如图 3.3.1 所示。(长度上一定要给一些分段数,不然"扭曲"效果难以体现,快捷键"F4"为显示物体边框。)

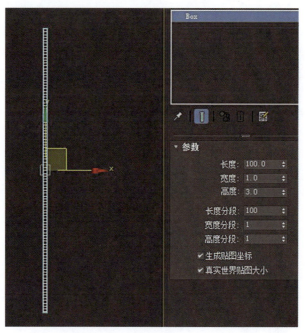

图 3.3.1

2. 选中该长方体,在移动工具状态下(快捷键为"W"),按下键盘"Shift"键不放,用鼠标拖动 X 轴,复制出一个长方体,在弹出的克隆选项框中选择复制或者实例,副本数为 1,点击"确定",如图 3.3.2 所示。

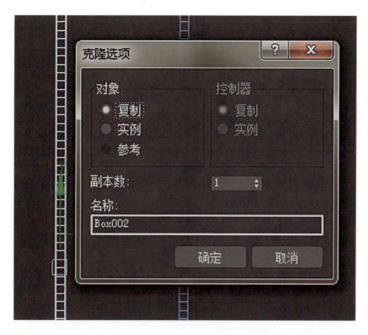

图 3.3.2

3. 再创建一个横着的长方体，作为碱基。同样以"Shift＋移动"的方法复制出更多的碱基，整体呈现出楼梯造型，如图 3.3.3 所示。

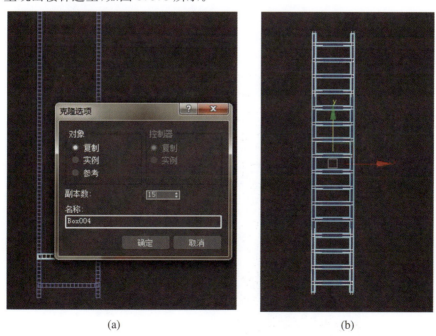

(a)　　　　　　　　　　　　　　(b)

图 3.3.3

4. 用鼠标框选中这些模型，在"修改面板"下点击修改器列表右边的小三角形标志，找到并点击"扭曲"修改器。然后修改"扭曲"（Twist）修改器参数：扭曲数值以及扭曲轴，如图 3.3.4 所示。

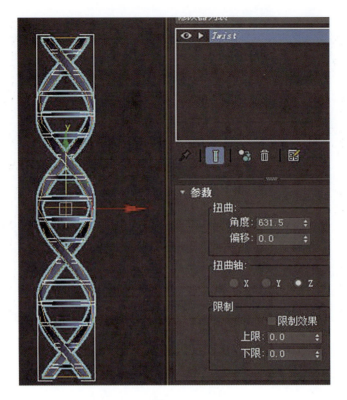

图 3.3.4

5. 最后可以取消显示线框(快捷键同样也是"F4"),以便观察模型,再给定材质,渲染出图,如图 3.3.5 所示。

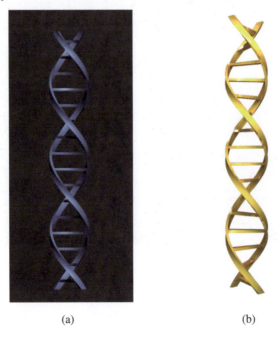

(a)　　　　　　　　　　(b)

图 3.3.5

拓展案例

Lab on a Chip,Vol 18,No.5

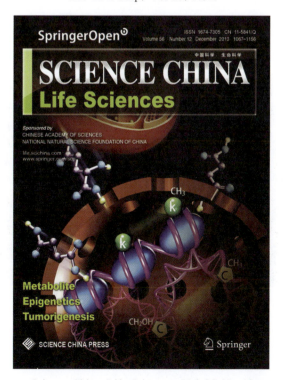

Science China:Life Sciences,Vol.56,No.12

3.3.2 电极建模

电极模型的建立需要先创建二维图形,然后用到"挤出"修改器和"噪波"修改器。

1. 打开 3ds Max,切换到顶视图(快捷键为"T"),在"创建"面板的"图形"命令的"样条线"卷展栏中选择"线"命令。然后按住"Shift"键画出一半电极板图形(按住"Shift"键能够保证线条水平与垂直)。为方便画出二维图形可以打开栅格以做参考(快捷键为"G")。如图 3.3.6 所示。

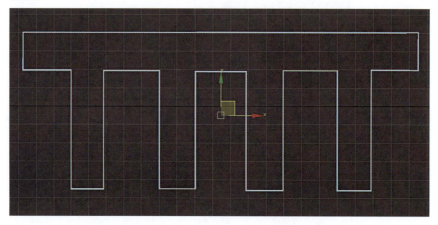

图 3.3.6

2. 选中画好的二维图像,点击工具栏"镜像"命令 ,沿 Y 轴镜像,并勾选复制,如图 3.3.7 所示。

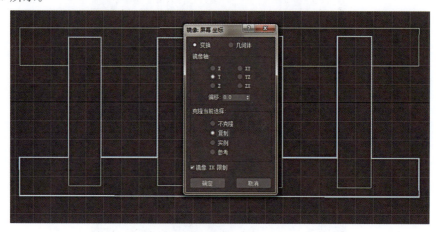

图 3.3.7

3. 用移动工具（快捷键为"W"）将新复制的二维图形移动至如图 3.3.8 所示的位置。

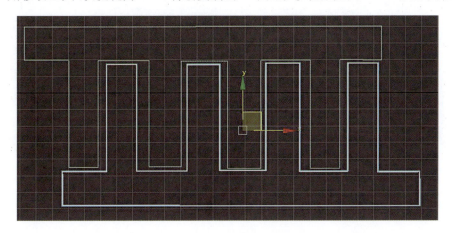

图 3.3.8

4. 框选这两个二维图形，在"修改面板"下点击修改器列表右边的小三角形标志找到并点击"挤出"修改器。参数中"数量"为挤出厚度，如图 3.3.9 所示。

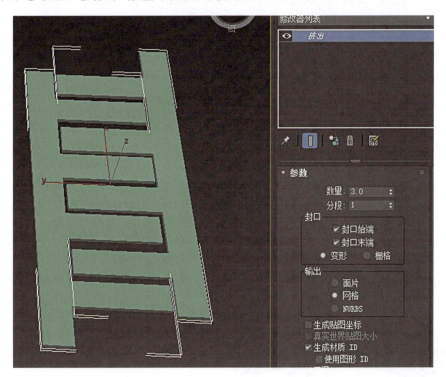

图 3.3.9

5. 选中两个模型，在"修改面板"下点击修改器列表右边的小三角形标志，找到并点击"四边形网格化"修改器，如图 3.3.10 所示。该步骤是为了给模型增加面数，后面的"躁波"修改器需要模型有面数才能产生效果（模型边面显示与隐藏快捷键为"F4"）。

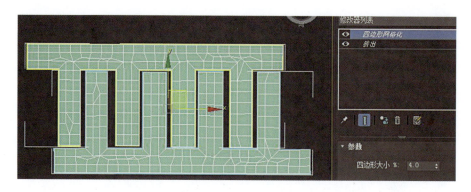

图 3.3.10

6. 选中该模型,在"修改面板"下点击修改器列表右边的小三角形标志,找到并点击"躁波"修改器,参数设置面板中"比例"是躁波紧密程度,X、Y、Z 分别为三个方向的起伏大小,如图 3.3.11 所示。一般情况只要在竖直方向有起伏就可以了,即给 Z 轴设定值即可。

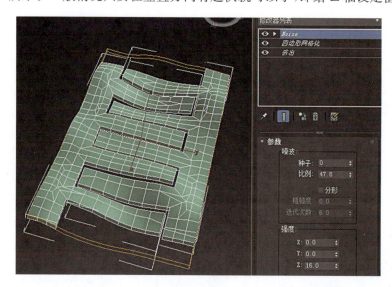

图 3.3.11

7. 最后可以取消显示线框(快捷键同样也是"F4"),以便观察模型,再给定材质,渲染出图,如图 3.3.12 所示。

(a)

(b)

图 3.3.12

拓展案例

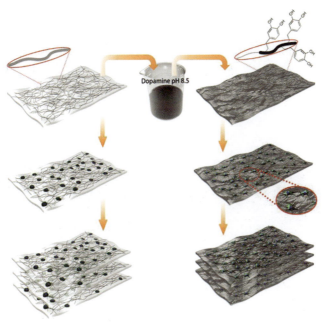

Journal of Materials Chemistry B,Vol.2,No.40

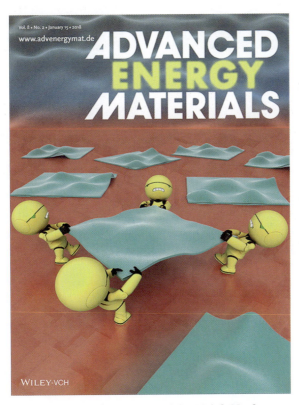

Advanced Energy Materials,Vol.8,No.2

3.3.3　单边掀起多层板建模

该模型主要运用"弯曲"修改器的命令，通过对其设置参数的调整，来达到想要的效果。

1. 打开 3ds Max，在"创建"面板的"几何体"命令下"扩展标准体"卷展栏中选择"切角长方体"工具，在视图区创建切角长方体（切角长方体与长方体的区别在于前者多了一项直接设置圆角的参数），如图 3.3.13 所示。参数面板中给长方体的长度、宽度设定分段数，后面的弯曲修改器需要模型有面数才能有效果。

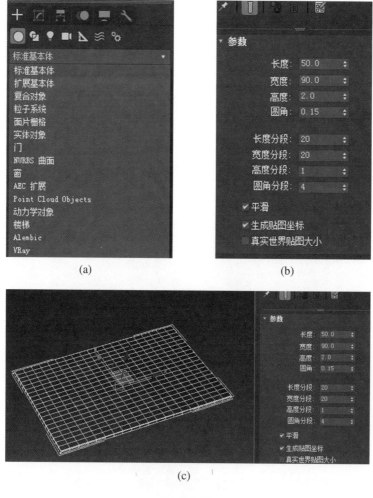

图 3.3.13

2. 切换到前视图（快捷键为"T"），选中该长方体，按住键盘上的"Shift"键不放，沿 Y 轴拖动复制一个长方体，如图 3.3.14 所示。

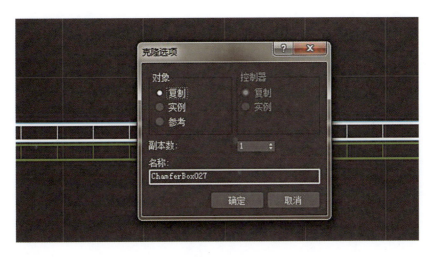

图 3.3.14

3. 选中复制出的长方体,在"修改面板"下点击修改器列表右边的三角形标志,找到并点击"弯曲"修改器,如图 3.3.15 所示。

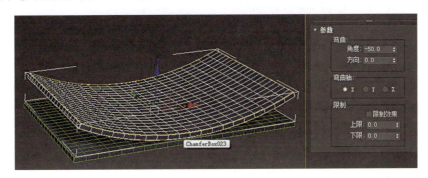

图 3.3.15

4. 在参数修改面板中有"限制效果"及参数,如图 3.3.16 所示。它可用来控制两端弯曲或者一端弯曲,上限只能调正数,下限只能调负数。

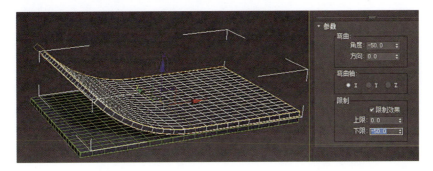

图 3.3.16

5. 同样，再以"Shift+移动"复制出一块弯曲的长方体，将角度值修改至合适大小，如图 3.3.17 所示。

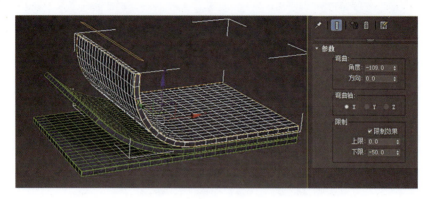

图 3.3.17

6. 最后可以取消显示线框（快捷键也是"F4"），以便观察模型，再给定材质，渲染出图，如图 3.3.18 所示。

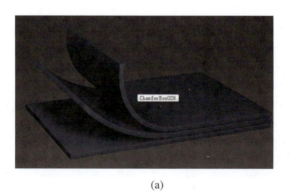

(a)

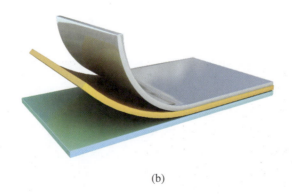

(b)

图 3.3.18

拓展案例

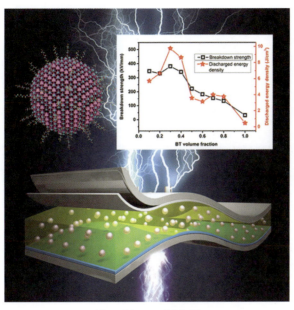

Nano Energy, Vol.31

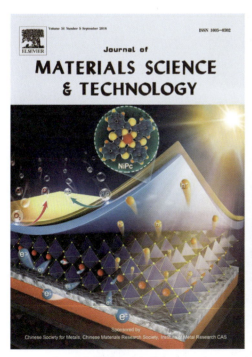

Journal of Materials Science
& Technology, Vol.34, No.9

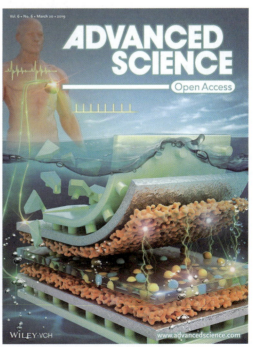

Advanced Science, Vol.6, Issue 6

3.3.4 核壳结构建模

核壳结构建模主要运用到多边形建模、"壳"修改器以及"对齐"命令。

1. 打开 3ds Max,在"创建"面板的"几何体"命令下"基本标准体"卷展栏中选择"几何球体"工具,在视图区创建几何球体,在参数设置中将"基点面类型"选择"八面体"(选择八面体的基点面类型是因为此类型的模型边线分布可以方便地选取球体的八分之一),如图 3.3.19 所示。

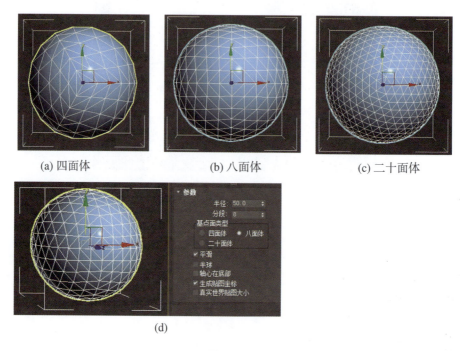

(a) 四面体 (b) 八面体 (c) 二十面体

(d)

图 3.3.19

2. 选中该几何球体,点击右键选择"转化为可编辑多边形",然后在子命令的"选择"中按下多边形按钮■,并且框选中几何球体八分之一的面[可以在前视图(快捷键为"F")中框选四分之一的面,然后在顶视图(快捷键为"T")中再以按住键盘"Alt"键减选的方法减选八分之一]用"Delete"键删除。删除后再按下多边形按钮,即退出子命令编辑,如图 3.3.20 所示。

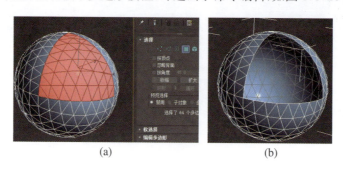

(a) (b)

图 3.3.20

3. 选择该被删除八分之一的空球体，在"修改面板"下点击修改器列表右边的三角形标志，找到并点击"壳"修改器，如图 3.3.21 所示。内部量、外部量分别为球壳内外厚度。

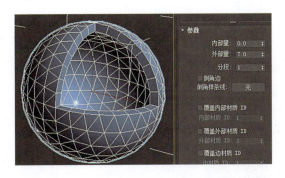

图 3.3.21

4. 然后再在"创建"面板的"几何体"命令下"基本标准体"卷展栏中选择"几何球体"工具，创建出一个新的几何球体，选中新的几何球体，再按下如图 3.3.22 工具栏中的对齐按钮 ，紧接着点击球壳模型，将新几何球体与球壳模型中心对齐，在弹出的"对齐当前选择"框中，X 轴位置、Y 轴位置、Z 轴位置前都打上钩，如图 3.3.23 所示。

图 3.3.22

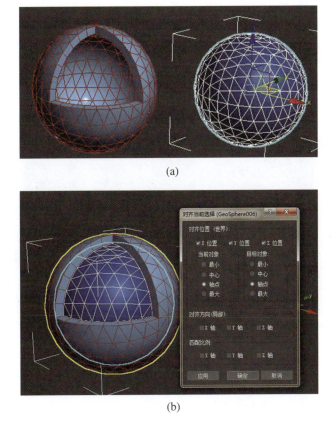

(a)

(b)

图 3.3.23

5. 选中中间几何球体，再修改 [图标] 面板下参数，调整该几何球体大小，使之刚好内切于球壳模型，球壳结构就基本出来了，如图 3.3.24 所示。

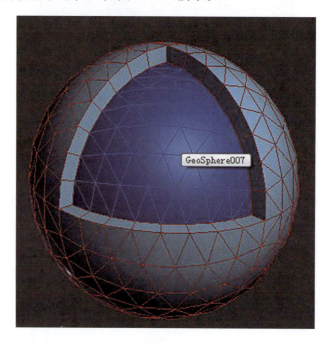

图 3.3.24

6. 如果要给外面球壳结构的边圆角，需进行以下操作：

① 对该球壳结构按右键选择"转换为可编辑多边形"；

② 在子命令的"选择"中按下"边"按钮 [图标]，选中球壳结构厚度中间的一条边，如图 3.3.25 所示；

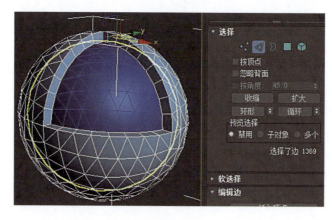

图 3.3.25

③ 按下边按钮下方"环形"按钮，此时会选中该边所在的一圈的边线，如图3.3.26所示；

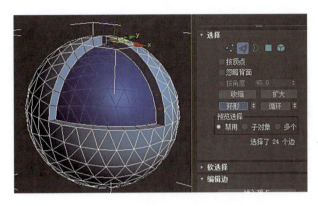

图 3.3.26

④ 点击"编辑边"卷展栏下"连接"右边的小方框 ，在弹出的连接边弹框中设置，如图3.3.27所示，最后点钩确定，然后再次点击"边"按钮 退出子命令层级；

图 3.3.27

⑤ 在"修改面板"下点击修改器列表右边的三角形标志，找到并点击"涡轮平滑"修改器，迭代次数设为2，如图3.3.28所示；

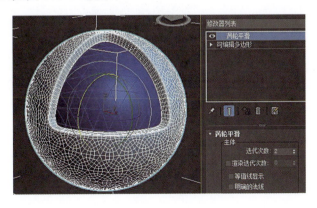

图 3.3.28

⑥ 最后可以取消显示线框（快捷键同样也是"F4"），以便观察模型，再给定材质，渲染出图，如图3.3.29所示。

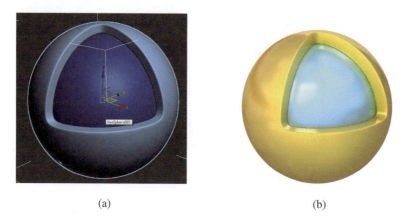

(a)　　　　　　　　　　　　(b)

图 3.3.29

拓展案例

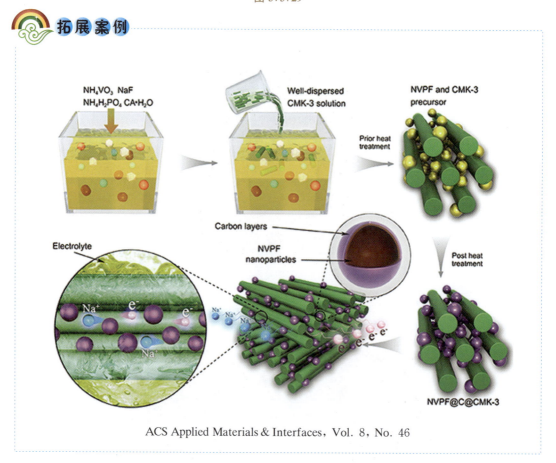

ACS Applied Materials & Interfaces，Vol. 8，No. 46

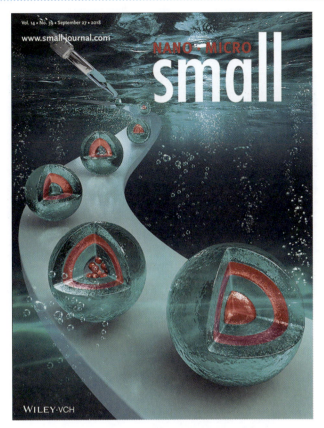

Small，Vol.14，No.39

3.3.5 纳米颗粒—建模

纳米颗粒主要用到"晶格"修改器,整体建模较为方便。

1. 打开 3ds Max,在"创建"面板的"几何体"命令下的"基本标准体"卷展栏中选择"几何球体"工具,在视图区创建几何球体,如图 3.3.30 所示。

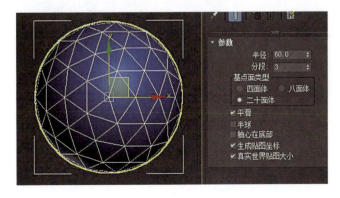

图 3.3.30

2. 选中该几何球体，在"修改面板"下点击修改器列表右边的小三角形标志，找到并点击"晶格"修改器。参数面板几何体中选择"仅来自顶点的节点"，然后调节半径大小，如图 3.3.31 所示。

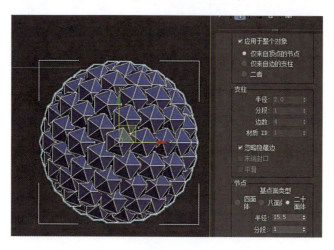

图 3.3.31

3. 在"修改面板"下点击修改器列表右边的小三角形标志，找到并点击"涡轮平滑"修改器，迭代次数设为 2。如果最终球与球间距太大，不够紧密，可以再进入"晶格"修改器的控制面板调整节点的半径大小，如图 3.3.32 所示。

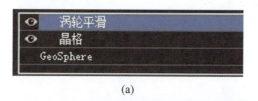

(a)

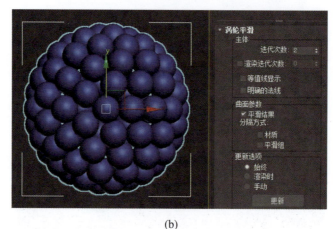

(b)

图 3.3.32

4. 最终给定材质,渲染出图,如图 3.3.33 所示。

图 3.3.33

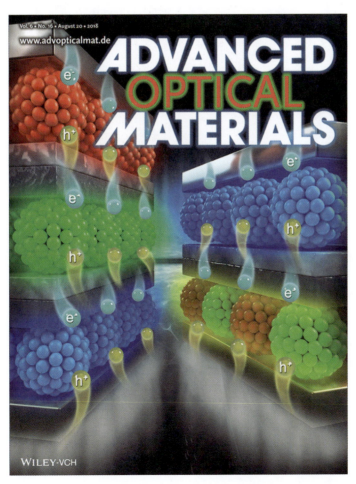

Advanced Optical Materials, Vol. 6, No. 16

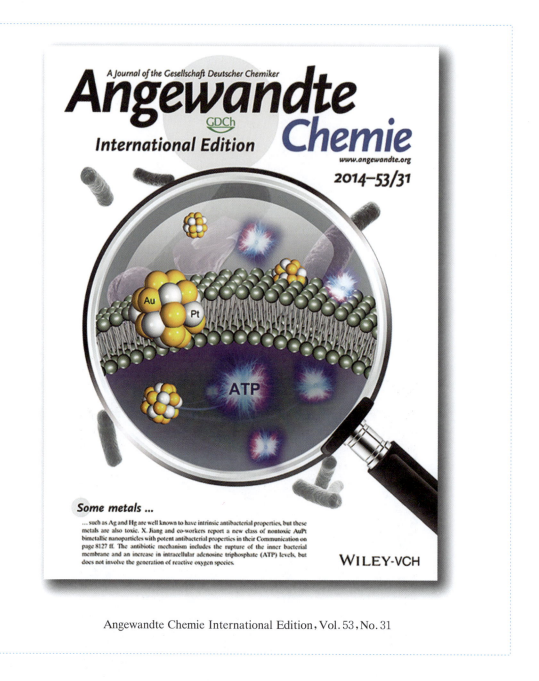

Angewandte Chemie International Edition，Vol. 53，No. 31

3.3.6 纳米球壳建模

纳米球壳的建模主要运用到基本多边形建模以及"晶格"修改器的运用。

1. 打开 3ds Max，在"创建"面板的"几何体"命令下的"基本标准体"卷展栏中选择"几何球体"工具，在视图区创建几何球体。参数设置中的"基点面类型"选择"八面体"，如图 3.3.34 所示。

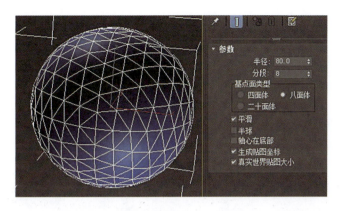

图 3.3.34

2. 选中该几何球体，点击右键选择"转换为可编辑多边形"，然后在子命令的"选择"中按下多边形按钮 ，并且框选中几何球体八分之一的面[可以在前视图（快捷键为"F"）框选四分之一的面，然后在顶视图（快捷键为"T"）再以按住键盘"Alt"键框选的方法减选八分之一]用"Delete"删除。删除后再按下多边形按钮，即退出子命令编辑，如图 3.3.35 所示。

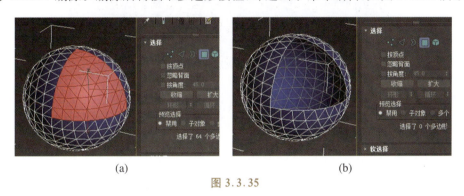

(a)　　　　　　　　　　　　　　(b)

图 3.3.35

3. 选中该几何球体，在"修改面板"下点击修改器列表右边的小三角形标志，找到并点击"晶格"修改器。参数面板几何体中选择"仅来自顶点的节点"，然后调节半径大小，如图 3.3.36 所示。

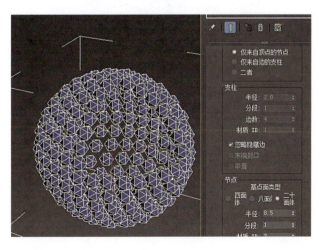

图 3.3.36

4. 在"修改面板"下点击修改器列表右边的小三角形标志，找到并点击"涡轮平滑"修改器，迭代次数设为2。如果最终球与球间距太大，不够紧密，可以再进入"晶格"修改器的控制面板调整节点的半径大小，如图3.3.37所示。

(a)

(b)

图 3.3.37

5. 最终给定材质，渲染出图，如图 3.3.38 所示。

图 3.3.38

拓展案例

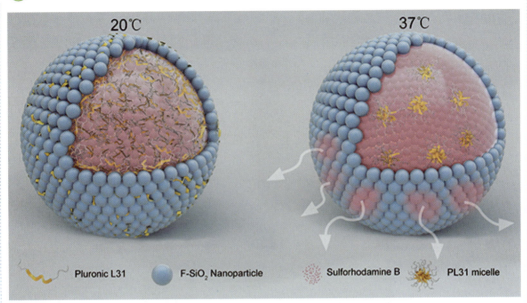

Journal of Materials Chemistry B, Vol. 5, No. 30

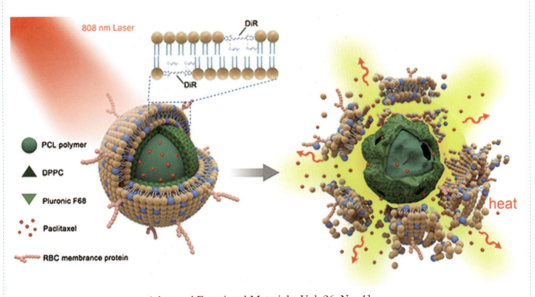

Advanced Functional Materials, Vol. 26, No. 41

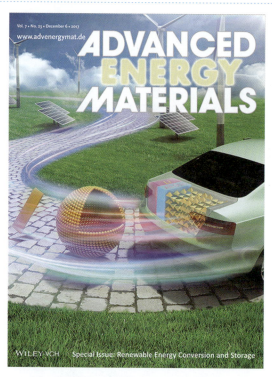

Advanced Energy Materials, Vol.7, No.23

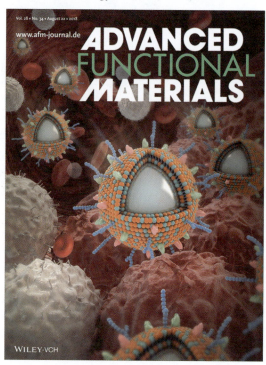

Advanced Functional Materials, Vol.28, No.34

3.3.7 起伏膜层建模

起伏膜层的建模主要涉及"躁波"修改器以及"晶格"修改器的运用。

1. 打开 3ds Max,在"创建"面板的"几何体"命令下的"基本标准体"卷展栏中选择"平面"工具,在视图区创建平面模型,如图 3.3.39 所示。参数设置中要给长宽一定的分段数,后面的躁波修改器需要模型有面数才能有效果。

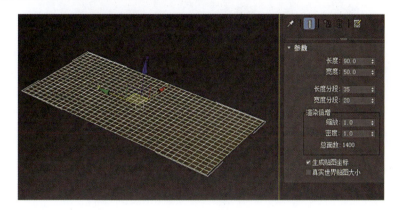

图 3.3.39

2. 选中该平面,在"修改面板"下点击修改器列表右边的小三角形标志,找到并点击"躁波"修改器。参数设置面板中"比例"表示躁波紧密程度,X、Y、Z 轴分别为三个方向的起伏大小,如图 3.3.40 所示。一般情况只要在竖直方向有起伏就可以了,即 Z 轴给定值即可。

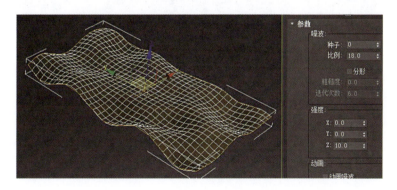

图 3.3.40

3. 选中该平面,在"修改面板"下点击修改器列表右边的小三角形标志,找到并点击"晶格"修改器。参数面板几何体中选择"仅来自顶点的节点",然后调节半径大小,如图 3.3.41 所示。

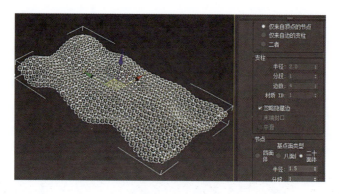

图 3.3.41

4. 在"修改面板"下点击修改器列表右边的三角形标志,找到并点击"涡轮平滑"修改器,迭代次数为 2,如图 3.3.42 所示。如果最终球与球间距太大不够紧密,可以再进入"晶格"修改器的控制面板调整节点的半径大小。

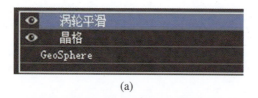

(a)

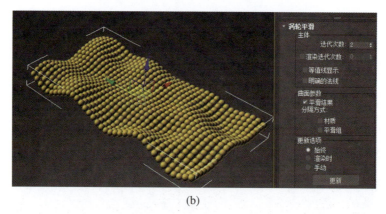

(b)

图 3.3.42

5. 最终给定材质,渲染出图,如图 3.3.43 所示。

图 3.3.43

Catalysis Science & Technology,Vol.7,No.9

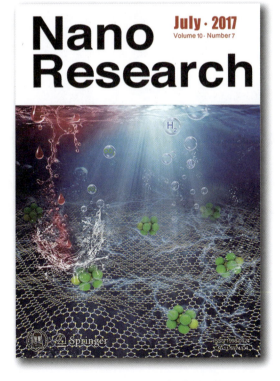

Nano Research,Vol.10,No.7

3.3.8 石墨烯建模

石墨烯建模主要运用多边形建模方法。

1. 打开 3ds Max，在"创建"面板的"图形"命令下的"样条线"卷展栏中选择"多边形"工具，在视图区创建多边形图形。参数设置中半径设为60，边数设为6，如图3.3.44所示。

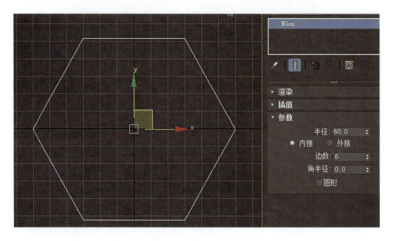

图 3.3.44

2. 点击右键选择"转换为可编辑多边形"，如图3.3.45所示。

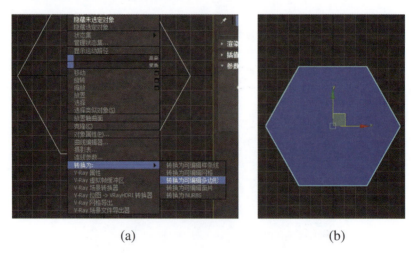

(a)　　　　　　　　　　　　(b)

图 3.3.45

3. 在"修改面板"下点击修改器列表右边的小三角形标志，找到并点击"细分"修改器，大小设为7.2（细分是为了给六边形面添加分段，可按键盘的"F4"键显示边面），如图3.3.46所示。

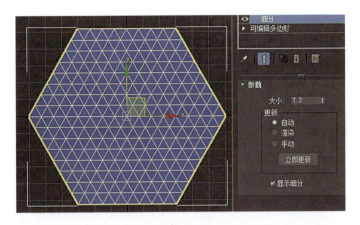

图 3.3.46

4. 再次点击右键选择"转换为可编辑多边形",然后在修改面板中"选择"下的子命令中按下"边"按钮 ◁,并框选中所有边(或者用"Ctrl + A"全选),边被选中会以红色显示,如图 3.3.47 所示。

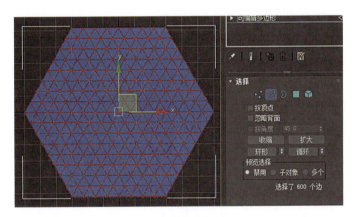

图 3.3.47

5. 紧接着在下面"编辑几何体"卷展栏中点击"网格平滑"按钮,如图 3.3.48 所示。

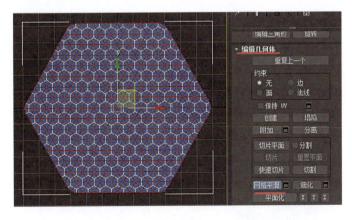

图 3.3.48

6. 此时会生成新的边线——六边形形状，保证在如图选中六边形之外边面的状态下（此时鼠标不要任何操作），按下键盘"Ctrl + 退格键（Backspace）"，选中的边线会被删除，只剩下六边形边线和已经选中的边线，如图 3.3.49 所示。

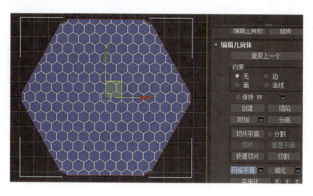

图 3.3.49

7. 按键盘"Delete"键删除边线，然后再次点击"选择"下的"边"按钮，退出子命令层级，如图 3.3.50 所示。

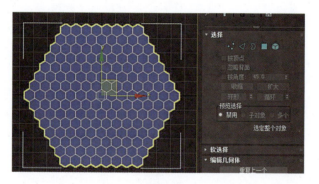

图 3.3.50

8. 在"修改面板"下点击修改器列表右边的小三角形标志，找到并点击"晶格"修改器，参数设置中几何体下勾选"二者"，"支柱"半径设为 0.5，"节点"中基本面类型勾选二十面体，"半径"设为 1.5，如图 3.3.51 所示。

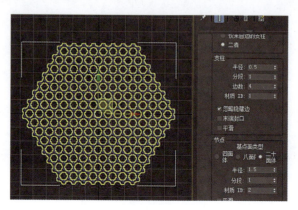

图 3.3.51

9. 在"修改面板"下点击修改器列表右边的小三角形标志,找到并点击"涡轮平滑"修改器,迭代次数设为2,如图3.3.52所示。

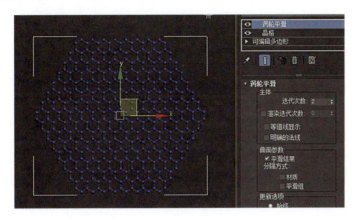

图 3.3.52

10. 最终给定材质,渲染出图,如图 3.3.53 所示。

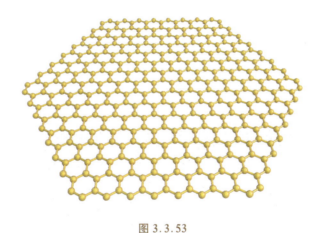

图 3.3.53

注 (1) 只要是由正三角形面组成的模型网格,进行平滑操作后就会得到正六边面;

(2) 如果想要石墨烯结构中的球和棍分别为两个模型,可原地复制一个(快捷键为"Ctrl＋V"),在一个石墨烯的晶格修改器中勾选"仅来自顶点的节点",另一个勾选"仅来自边的支柱"(或者按"Shift＋移动"键复制,最后用"对齐" 命令将两个石墨烯对齐也可以)。

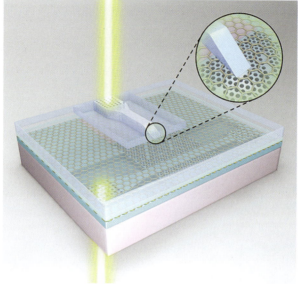

Laser & Photonics Reviews, Vol. 11, No. 5

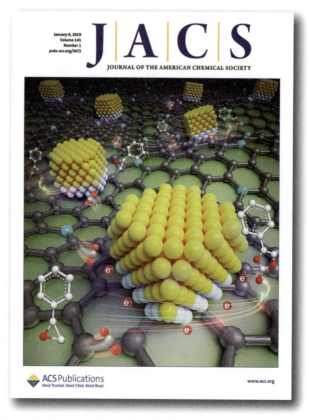

Journal of the American Chemical. Society, Vol. 141, No. 1

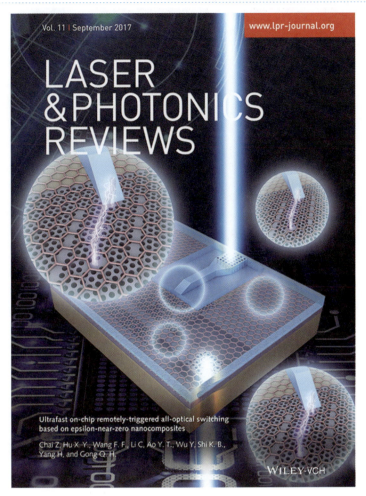

Laser & Photonics Reviews,Vol. 11,No. 5

3.3.9 碳纳米管建模

碳纳米管的建模方法主要是在石墨烯的基础上添加"弯曲"修改器命令。

1. 在3.3.8小节石墨烯建模第7步结束后,切换到顶视图(快捷键为"T"),按下"选择"下子命令的"顶点"按钮 ,框选边缘的点并按"Delete"键删除,留下矩形的石墨烯片,如图3.3.54所示。

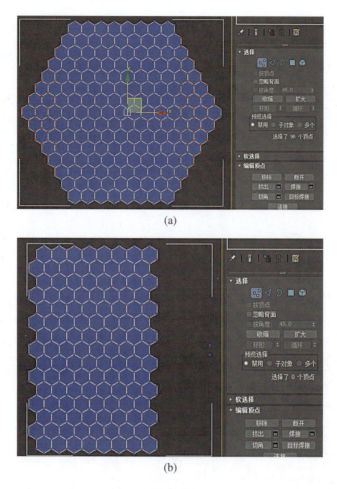

图 3.3.54

2. 再次点击"选择"下的"顶点"按钮 退出子命令层级。在"修改面板"下点击修改器列表右边的小三角形标志,找到并点击"弯曲"修改器,"角度"设为 540.0(为什么不是 360 呢?是由于这里细分不够,具体以模型刚好弯曲一圈来看),"弯曲轴"选择 X,如图 3.3.55 所示。

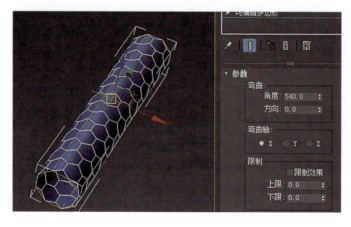

图 3.3.55

3. 在"修改面板"下点击修改器列表右边的三角形标志,找到并点击"晶格"修改器,参数设置下"几何体"下勾选"二者","支柱"半径设为 0.5,"节点"基本面类型勾选二十面体,"半径"设为 1.5,如图 3.3.56 所示。

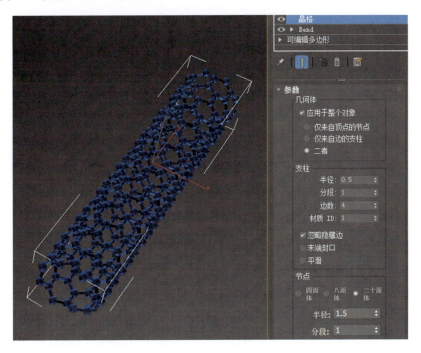

图 3.3.56

4. 在"修改面板"下点击修改器列表右边的小三角形标志找到并点击"涡轮平滑"修改器,迭代次数设为 2,如图 3.3.57 所示。

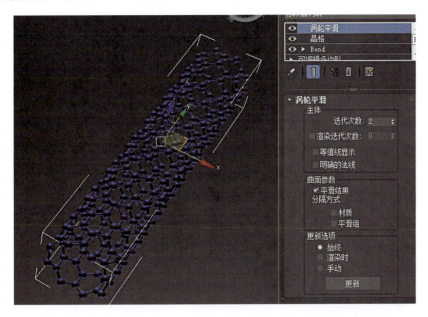

图 3.3.57

5. 最终给定材质，渲染出图，如图 3.3.58 所示。

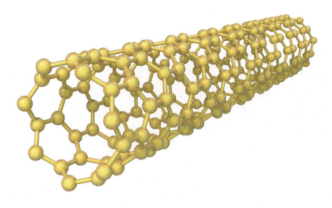

图 3.3.58

 如果想让碳纳米管更加紧密，组成的六边形更多，在第 1 步完成得到矩形状的石墨烯片后，可进行复制拼成更大的石墨烯片，全选所有再进行"弯曲""晶格"以及"涡轮平滑"操作即可。

🌈 拓展案例

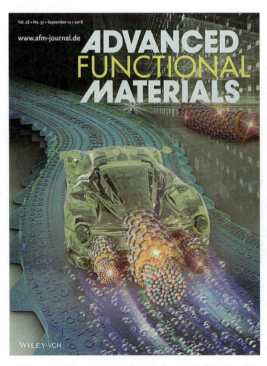

Advanced Functional Materials，Vol.28，No.37

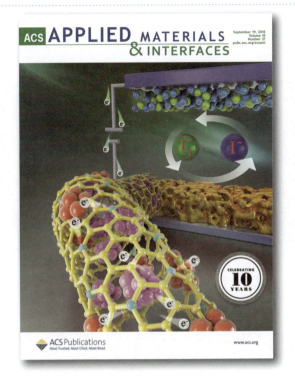

ACS Applied Materials & Interfaces,Vol.10,No.37

3.3.10 碳包覆球体建模

碳包覆球体建模主要涉及多边形建模以及"晶格"修改器的使用。

分析:碳包覆球体建模主要做出球形石墨烯就可以了。通过前面石墨烯的建模可以了解到,只要对正三角面进行网格平滑操作后会得到正六边面。

1. 打开3ds Max,在"创建"面板的"几何体"命令下的"标准几何体"卷展栏中选择"几何球体"工具,在视图区创建几何球体。参数设置中"半径"设为50.0,"分段"设为5,"基本点类型"勾选二十面体(二十面体为正三角面边线),如图3.3.59所示。

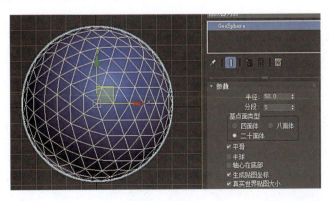

图 3.3.59

2. 右键"转换为可编辑多边形"，然后在修改面板中"选择"下的子命令中按下"边"按钮 ，并框选中所有边（或者用快捷键"Ctrl + A"全选），边被选中会以红色显示，如图3.3.60所示。

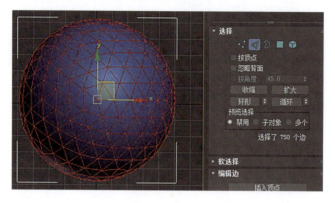

图 3.3.60

3. 紧接着在下面的"编辑几何体"卷展栏中点击"网格平滑"按钮，如图3.3.61所示。

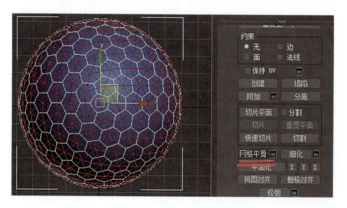

图 3.3.61

4. 此时会生成新的边线——六边形形状，保证在如图3.3.62所示选中六边形之外边面的状态下（此时鼠标不要有任何操作），按下键盘上的"Ctrl + 退格键（Backspace）"，选中的边线会被删除，然后再次点击"选择"下的"边"按钮 退出子命令层级。

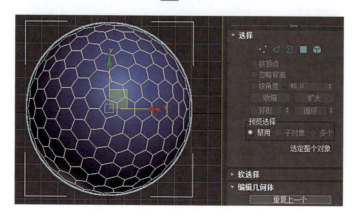

图 3.3.62

5. 在"修改面板"下点击修改器列表右边的小三角形标志,找到并点击"晶格"修改器,参数设置中的"几何体"下勾选"二者","支柱"下的"半径"设为1.2,"节点"的基本面类型勾选二十面体,"半径"设为2.5,如图3.3.63所示。

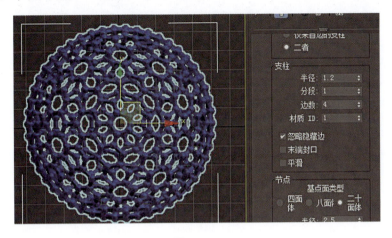

图 3.3.63

6. 在"修改面板"下点击修改器列表右边的小三角形标志找到并点击"涡轮平滑"修改器,迭代次数设为2,如图3.3.64所示。

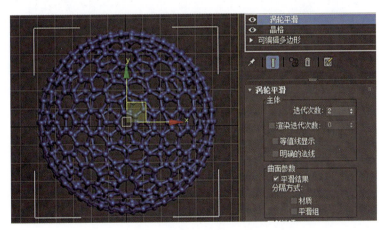

图 3.3.64

7. 再在"创建"面板的"几何体"命令下"标准几何体"卷展栏中选择"几何球体"工具,在视图区创建几何球体。选中新建的几何球体然后按下上方工具栏中的"对齐"按钮,紧接着点击石墨烯球体,把 X、Y、Z 轴全勾上,如图3.3.65所示。

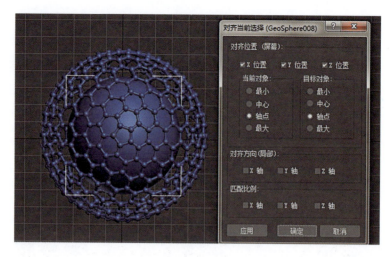

图 3.3.65

8. 调整几何球体半径大小，使之差不多内切于石墨烯球体，如图 3.3.66 所示。

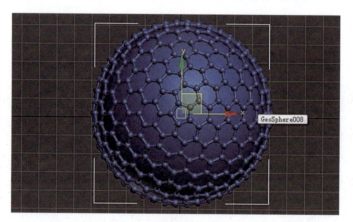

图 3.3.66

9. 最终给定材质，渲染出图，如图 3.3.67 所示。

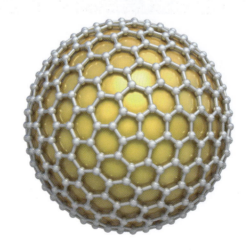

图 3.3.67

拓展案例

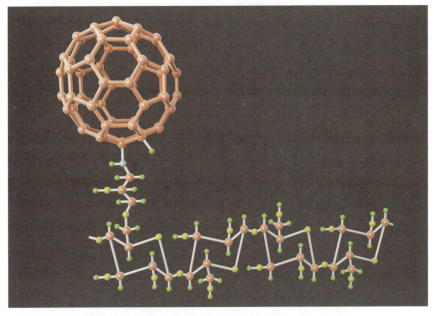

Biomacromolecules，Vol.18，No.12

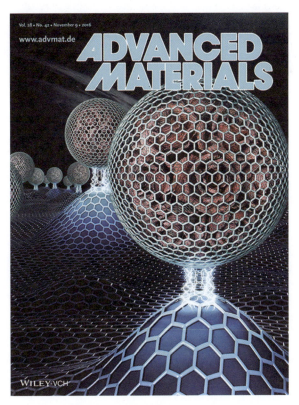

Advanced Materials，Vol.28，No.42

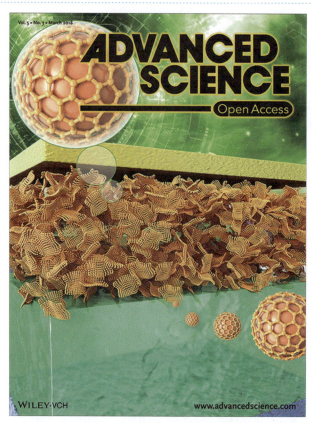

Advanced Science,Vol.5,No.3

3.3.11 碳包覆八面体建模

碳包覆八面体建模主要涉及多边形建模以及"晶格"修改器的使用。

分析：通过前面石墨烯的建模以及碳包覆球体的建模可以了解到，只要对正三角面进行网格平滑操作后就会得到正六边面。所以碳包覆八面体的关键就是做出正三角面组成的八面体。

1. 打开 3ds Max，在"创建"面板的"几何体"命令下"扩展几何体"卷展栏中选择"异面体"工具，在视图区创建异面体，默认创建的就是正八面体，如图 3.3.68 所示。

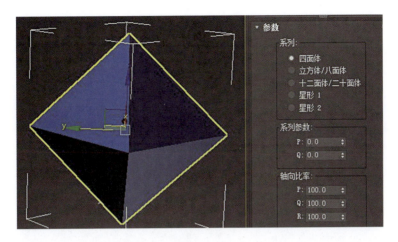

图 3.3.68

2. 点击右键选择"转换为可编辑多边形",如图 3.3.69 所示。

图 3.3.69

3. 在修改面板中"选择"下的子命令中按下"边"的按钮 ,并框选中所有边(或者用快捷键"Ctrl+A"全选),边被选中会以红色显示,如图 3.3.70 所示。

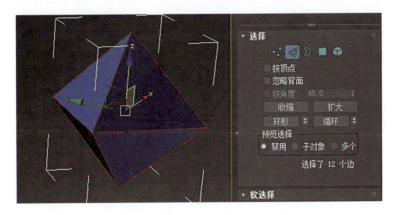

图 3.3.70

4. 紧接着在下面的"编辑边"卷展栏中点击"连接"按钮,如图3.3.71所示。

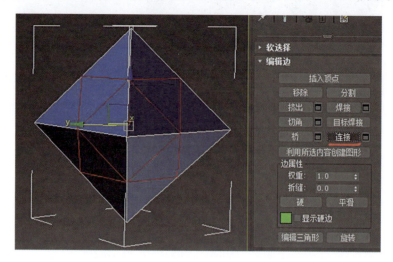

图 3.3.71

5. 此时已经连接上了边线(红色部分),然后用同样的方法再框选所有边(或者用快捷键"Ctrl＋A"全选),再次点击"连接"按钮,连接成更密的三角面(切记是选中所有边再点击"连接"按钮,不是直接点击"连接"按钮),如图3.3.72所示。如果觉得不够密可在此重复此操作。

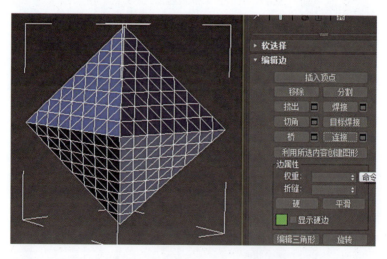

图 3.3.72

6. 框选中所有边(或者用快捷键"Ctrl＋A"全选),在下面的"编辑几何体"卷展栏中点击"网格平滑"按钮,如图3.3.73所示。

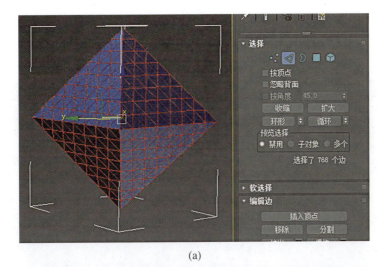

(a)

(b)

图 3.3.73

7. 此时会生成新的六边形边线,保证在如图 3.3.74 所示的选中六边形之外的边面的状态下(此时鼠标不要任何操作),按下键盘"Ctrl+退格键(Backspace)",选中的边线会被删除,然后再次点击"选择"下的"边"按钮 退出子命令层级。

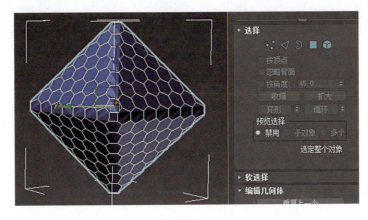

图 3.3.74

8. 在"修改面板"下点击修改器列表右边的小三角形标志,找到并点击"晶格"修改器,在参数设置下的"几何体"下勾选"二者","支柱"与"半径"给定合适大小,如图 3.3.75 所示。

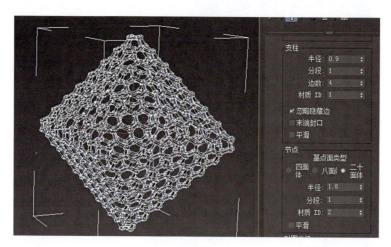

图 3.3.75

9. 在"修改面板"下点击修改器列表右边的小三角形标志,找到并点击"涡轮平滑"修改器,迭代次数设为 2,如图 3.3.76 所示。如果最终球棍半径大小不满意,可以再进入"晶格"修改器的控制面板调整节点的半径大小。

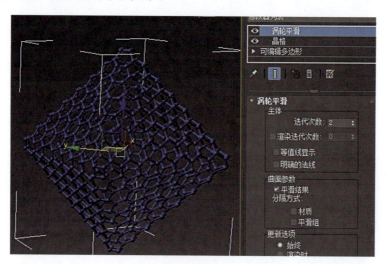

图 3.3.76

10. 在"创建"面板的"几何体"命令下"扩展几何体"卷展栏中选择"异面体"工具,在视图区创建八面体。选中新建的八面体,然后按下上方工具栏中的"对齐"按钮,紧接着点击碳包覆八面体,把 X、Y、Z 轴全勾上,如图 3.3.77 所示。

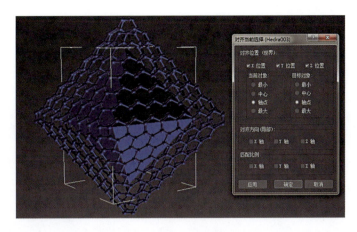

图 3.3.77

11. 用缩放工具 ▣（快捷键为"E"）中心等比缩放调整几何球体半径大小，使之差不多内切于碳包覆八面体，如图 3.3.78 所示。

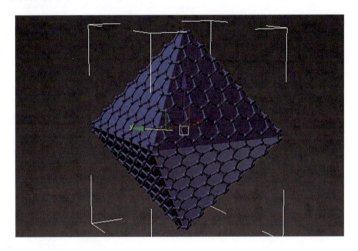

图 3.3.78

12. 最终给定材质，渲染出图，如图 3.3.79 所示。

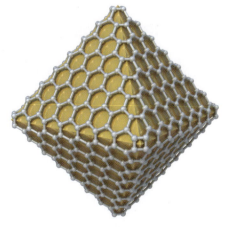

图 3.3.79

拓展案例

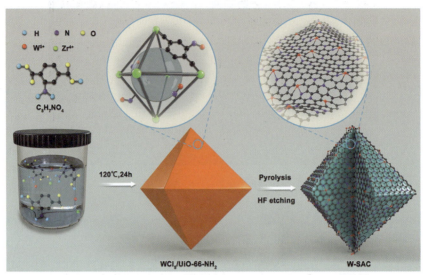

Advanced Materials，Vol. 30，No. 30

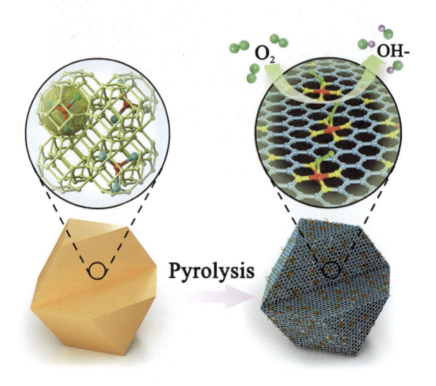

Angewandte Chemie，Vol. 129，No. 24

3.3.12 纳米花建模

纳米花的建模主要涉及"散布"命令的运用。

1. 打开 3ds Max，在"创建"面板的"几何体"命令下"标准几何体"卷展栏中选择"几何球体"工具，在视图区创建几何球体，如图 3.3.80 所示。

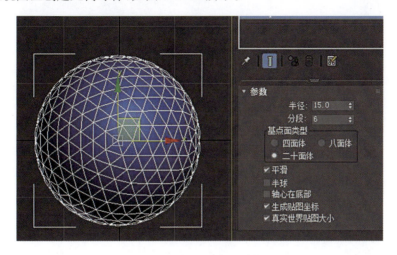

图 3.3.80

2. 在"创建"面板的"几何体"命令下"标准几何体"卷展栏中选择"平面"工具，在视图区创建平面模型，参数设置中给长度、宽度设定分段数，如图 3.3.81 所示。

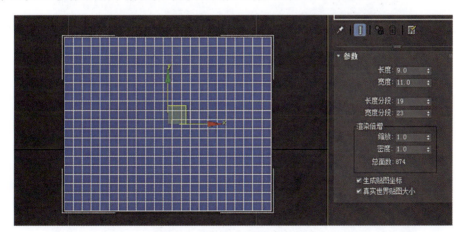

图 3.3.81

3. 选中该平面，在"修改面板"下点击修改器列表右边的小三角形标志，找到并点击"躁波"修改器，在参数设置中设定"比例"与 Z 轴"强度"的数值（"比例"表示躁波紧密程度，X、Y、Z 轴的"强度"分别为三个方向的起伏高度），如图 3.3.82 所示。

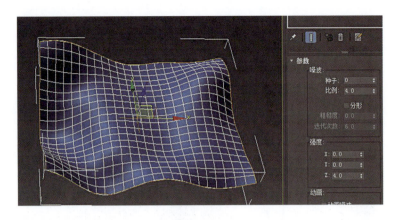

图 3.3.82

4. 选中该平面,在"创建"面板的"几何体"命令下"复合对象"卷展栏中点击"散布"按钮,会出现子卷展栏,点击"拾取分布对象"按钮,然后点击之前的几何球体,如图 3.3.83 所示。

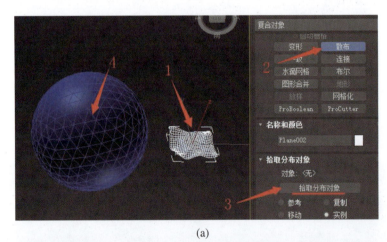

(a)

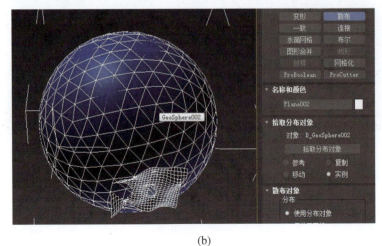

(b)

图 3.3.83

5. 往下拖动右边的黑色滚动条，勾上"显示"卷展栏下的"隐藏分布对象"（运用散布命令时会显示分布对象，如若不隐藏会出现两个分布对象，干扰后续建模），如图 3.3.84 所示。

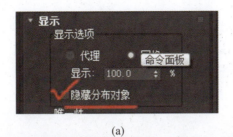

(a)

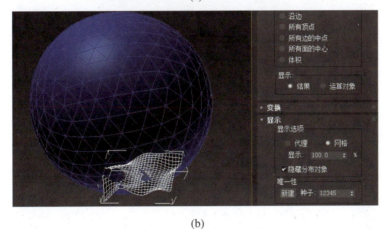

(b)

图 3.3.84

6. 紧接着将分布对象参数改为"区域"；"重复数"给定合适大小；"基础比例"为散布的平面的比例大小，可进行调整，如图 3.3.85 所示。

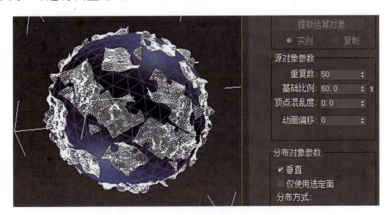

图 3.3.85

7. 然后在下方"变换"的卷展栏中将"旋转"下的 X、Y、Z 均设为 90.0 度，如图 3.3.86 所示。

图 3.3.86

8. 现在可以返回第 6 步中的参数调节,调整"重复数"与"基本比例"直至达到想要的效果,如图 3.3.87 所示。

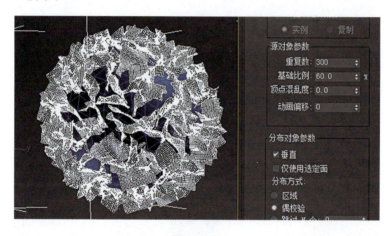

图 3.3.87

9. 最终给定材质,渲染出图,如图 3.3.88 所示。

图 3.3.88

Environmental Science：Nano，Vol. 4，No. 4

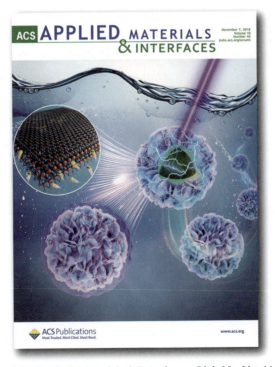

ACS Applied Materials & Interfaces，Vol. 10，No. 44

3.3.13 纳米花棒建模

1. 打开 3ds Max，在"创建"面板的"几何体"命令下的"标准几何体"卷展栏中选择"圆柱体"工具，在视图区创建圆柱体，如图 3.3.89 所示。

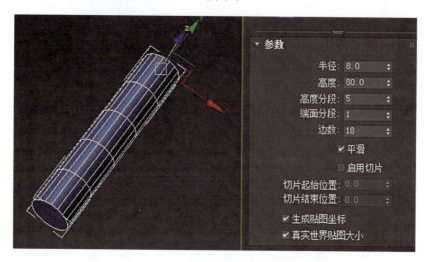

图 3.3.89

2. 在"创建"面板的"几何体"命令下的"标准几何体"卷展栏中选择"平面"工具，在视图区创建平面模型，在参数中设置长度、宽度及其分段数，如图 3.3.90 所示。

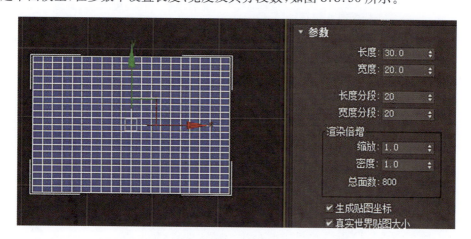

图 3.3.90

3. 选中该平面，在"修改面板"下点击修改器列表右边的小三角形标志，找到并点击"噪波"修改器，参数设置中给"比例"与 Z 轴"强度"设定数值（"比例"表示噪波紧密程度，X、Y、Z 轴的"强度"分别为三个方向的起伏高度），如图 3.3.91 所示。

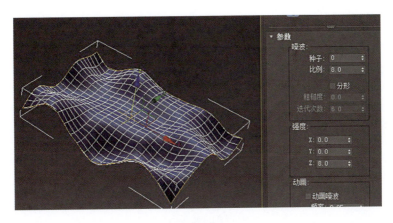

图 3.3.91

4. 同前一案例一样,选中该平面,在"创建"面板的"几何体"命令下"复合对象"卷展栏中点击"散布"按钮,会出现子卷展栏,点击"拾取分布对象"按钮,然后点击之前的圆柱体,如图 3.3.92 所示。

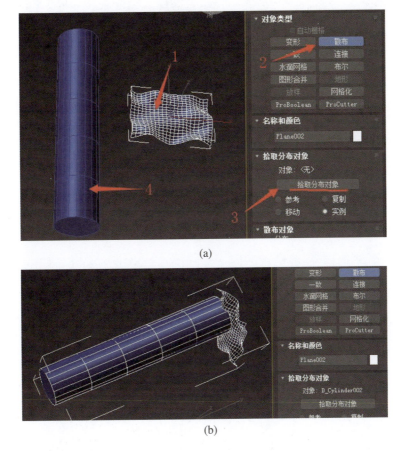

(a)

(b)

图 3.3.92

5. 往下拖动右边黑色拖动条,勾上"显示"卷展栏下的"隐藏分布对象"(运用散布命令时会显示分布对象,如不隐藏会出现两个分布对象,干扰后续建模),如图 3.3.93 所示。

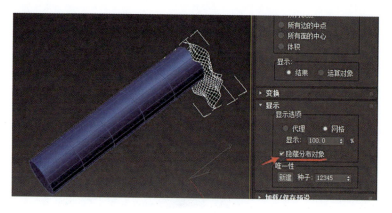

图 3.3.93

6. 紧接着将分布对象参数改为"区域";"重复数"设定合适大小;"基础比例"为散布的平面的比例大小,可进行调整,如图 3.3.94 所示。

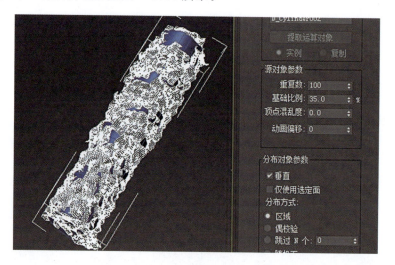

图 3.3.94

7. 然后在下方"变换"的卷展栏中将"旋转"下的 X、Y、Z 均设为 90.0 度,如图 3.3.95 所示。

图 3.3.95

8. 现在可以返回第 6 步中的参数调节,调整"重复数"与"基本比例"直至达到想要的效果,如图 3.3.96 所示。

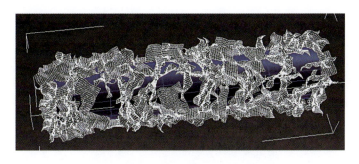

图 3.3.96

9. 最终给定材质,渲染出图,如图 3.3.97 所示。

图 3.3.97

> **注** 通过 3.3.12 小节和 3.3.13 小节这两个案例可以发现,作为散布对象的球体以及圆柱体也可以换成其他想要的模型,作为散布的平面也可以是有厚度的长方体或者球体等,方法都一样,重在灵活运用。

Chemistry-An Asian Journal，Vol.13，No.9

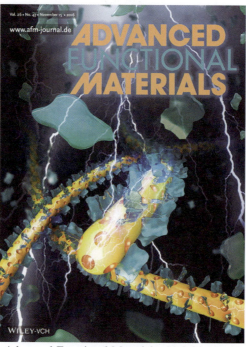

Advanced Functional Materials，Vol.26，No.43

3.3.14 纳米颗粒二建模

1. 打开 3ds Max,在"创建"面板的"几何体"命令下的"标准几何体"卷展栏中选择"几何球体"工具,在视图区创建几何球体,如图 3.3.98 所示。

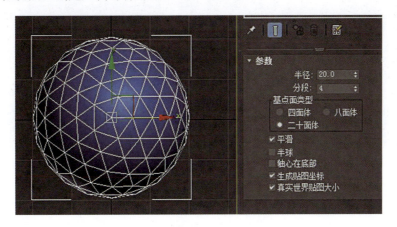

图 3.3.98

2. 在"创建"面板的"图形"命令下的"样条线"卷展栏中选择"螺旋线"工具,在视图区创建螺旋线,如图 3.3.99 所示。

图 3.3.99

3. 进入修改面板,将渲染卷展栏下的"在渲染中启用"与"在视口中启用"前面打钩。为半径1、半径2、高度、圈数设定适当数值,如图 3.3.100 所示。

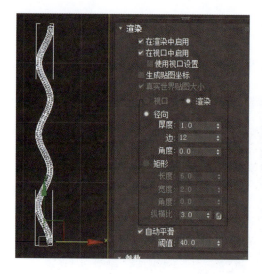
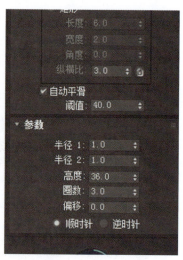

图 3.3.100

4. 和前面一样,选中该螺旋线,在"创建"面板的"几何体"命令下"复合对象"卷展栏中点击"散布"按钮,会出现子卷展栏,点击"拾取分布对象"按钮,然后点击几何球体,如图 3.3.101 所示。

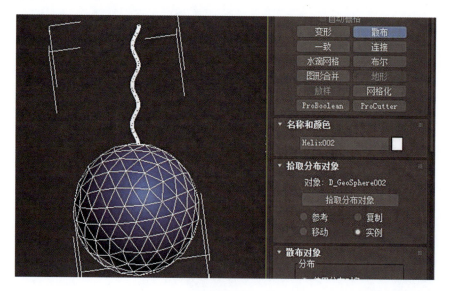

图 3.3.101

5. 往下拖动右边黑色拖动条,勾上"显示"卷展栏下的"隐藏分布对象"(运用散布命令时会显示分布对象,如若不隐藏会出现两个分布对象,干扰后续建模,比如图 3.3.101 中红色的几何球体并不是由绿色变成了红色,而是多显示了散布对象),如图 3.3.102 所示。

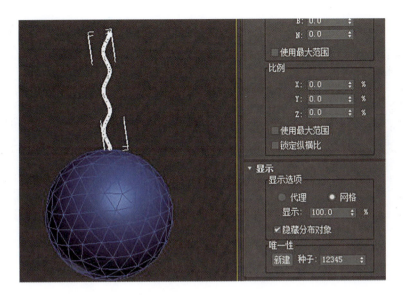

图 3.3.102

6. 紧接着将分布对象参数改为"所有顶点",这时螺旋线会按照几何球体的顶点区散布,也是较为均匀的散布(前面介绍的"区域"方式＋"重复数",是表示在整个被选中的分布对象上随机分布多少数目的另一模型)。"基础比例"还是一样的,用于调整散布模型的大小比例,如图 3.3.103 所示。

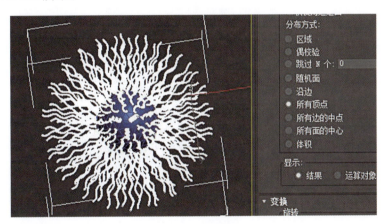

图 3.3.103

7. 想要修改散布密度的话,可直接选中几何球体,在修改面板上修改分段数(即改变几何球体顶点个数)即可,如图 3.3.104 所示。

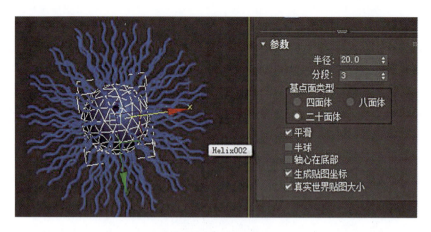

图 3.3.104

8. 最终给定材质,渲染出图,如图 3.3.105 所示。

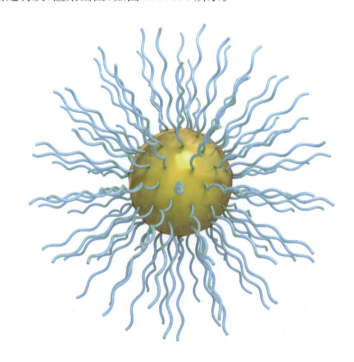

图 3.3.105

> **注** 若由于不需要螺旋线太密而降低几何球体分段数后,几何球体很不圆滑,影响最终效果,可另创建以高分段的圆滑几何球体,然后用"对齐"命令将新几何体与散布出的螺旋线中心对齐即可。

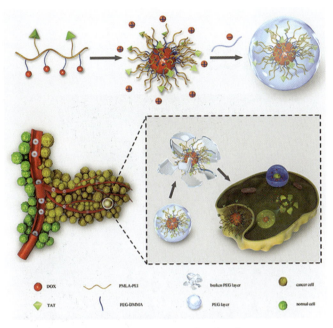

Theranostics, Vol. 7, No. 7

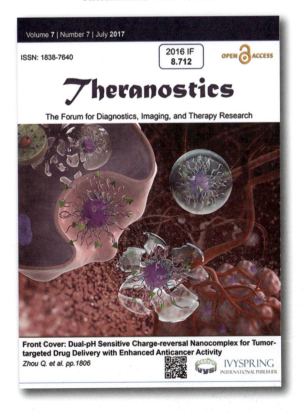

Theranostics, Vol. 7, No. 7

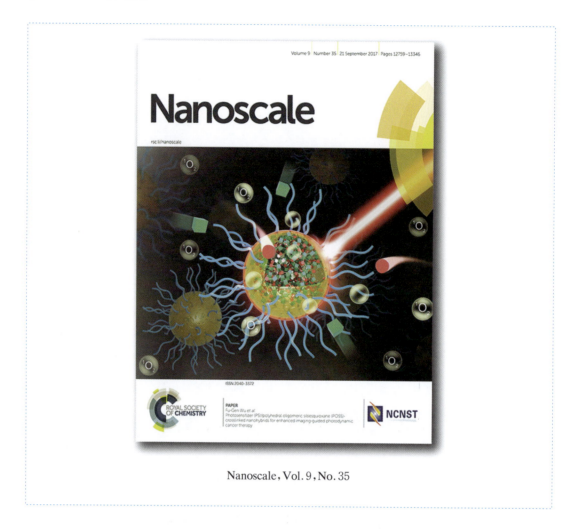

Nanoscale,Vol.9,No.35

3.3.15 纳米颗粒三建模

1. 打开 3ds Max,在"创建"面板的"几何体"命令下"标准几何体"卷展栏中选择"几何球体"工具,在视图区创建几何球体(图 3.3.106)。

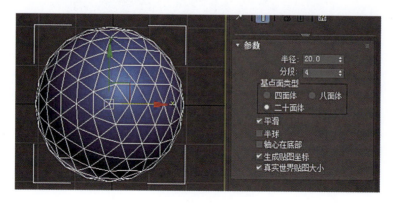

图 3.3.106

2. 切换到前视图(快捷键为"F")视角,在"创建"面板的"图形"命令下"样条线"卷展栏中选择"线"工具,在视图区绘制一根弯曲线段(创建方法中拖动类型选"Bezier",如图3.3.107所示)。

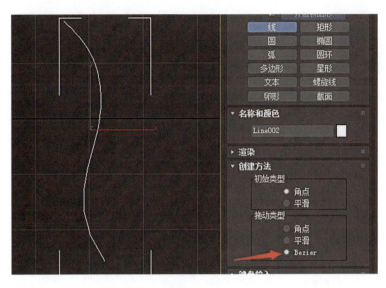

图 3.3.107

3. 进入修改面板,在渲染卷展栏下的"在渲染中启用"与"在视口中启用"前面打钩。选择径向,并给定厚度值,如图3.3.108所示。

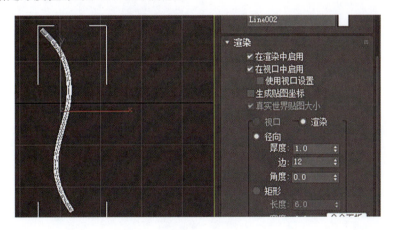

图 3.3.108

4. 选中线,在"创建"面板的"几何体"命令下"复合对象"卷展栏中点击"散布"按钮,会出现子卷展栏,点击"拾取分布对象"按钮,然后点击几何球体,如图3.3.109所示。

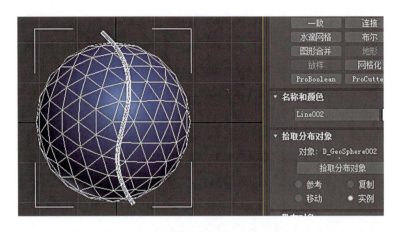

图 3.3.109

5. 往下拖动右边黑色拖动条，勾上"显示"卷展栏下的"隐藏分布对象"（运用散布命令时会显示分布对象，如不隐藏会出现两个分布对象，干扰后续建模），如图 3.3.110 所示。

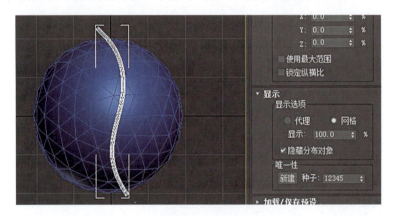

图 3.3.110

6. 紧接着将分布对象参数改为"区域"；"重复数"给定合适大小；"基础比例"为散布的平面的比例大小，可进行调整，如图 3.3.111 所示。

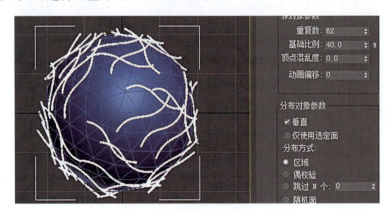

图 3.3.111

7. 然后在下方"变换"的卷展栏中将"旋转"下的 Z 设定合适的数值，目的是让线混乱，不要太平行,如图 3.3.112 所示。

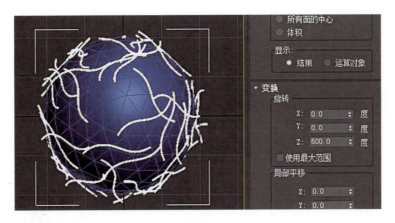

图 3.3.112

8. 现在可以返回第 6 步中的参数调节,调整"重复数"与"基本比例"直至达到想要的效果,如图 3.3.113 所示。

图 3.3.113

9. 最终给定材质,渲染出图,如图 3.3.114 所示。

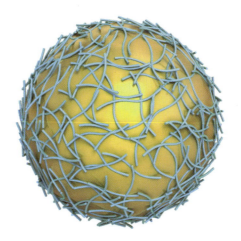

图 3.3.114

> **注** 使用"螺旋线"散布时线是立起来的,使用"线"散布时线是趴在散布对象表面的。

🌈 **拓展案例**

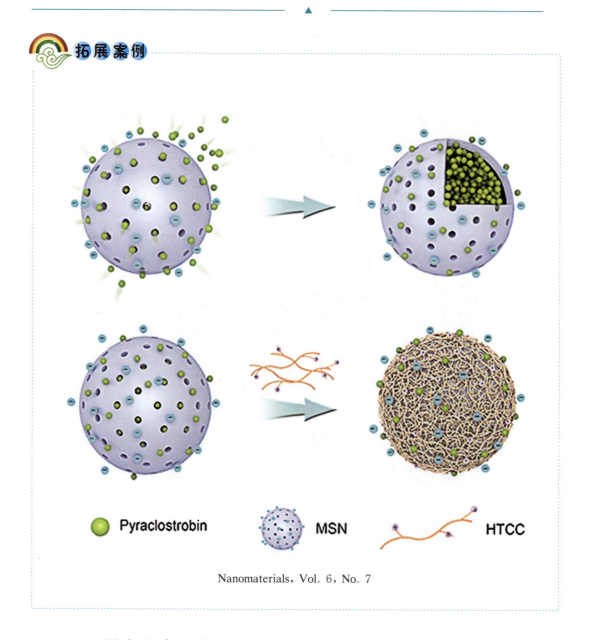

Nanomaterials, Vol. 6, No. 7

3.3.16 散布小球建模

1. 打开 3ds Max,在"创建"面板的"几何体"命令下"标准几何体"卷展栏中选择"平面"工具,在视图区创建平面,如图 3.3.115 所示。

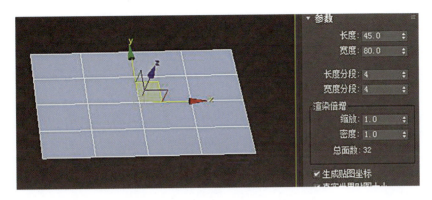

图 3.3.115

2. 在"创建"面板的"几何体"命令下"标准几何体"卷展栏中选择"几何球体"工具,在视图区创建几何球体,如图 3.3.116 所示。

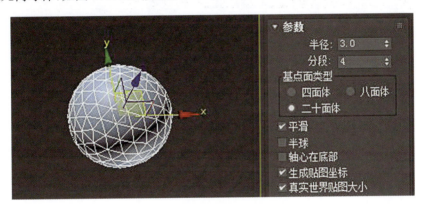

图 3.3.116

3. 选中几何球体,在"创建"面板的"几何体"命令下"复合对象"卷展栏中点击"散布"按钮,会出现子卷展栏,点击"拾取分布对象"按钮,然后点击平面,如图 3.3.117 所示。

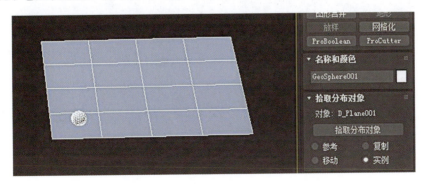

图 3.3.117

4. 往下拖动右边黑色拖动条,勾上"显示"卷展栏下的"隐藏分布对象",如图 3.3.118 所示。

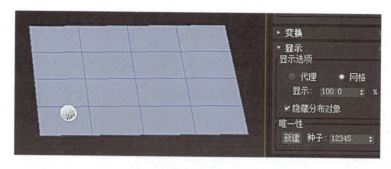

图 3.3.118

5. 紧接着将分布对象参数改为"区域";"重复数"设定合适的大小;"基础比例"为散布的平面的比例大小,可进行调整,如图 3.3.119 所示。

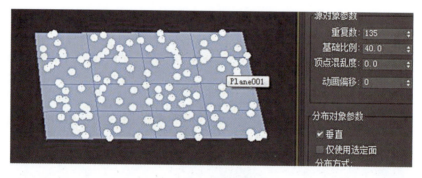

图 3.3.119

6. 然后在下方"变换"的卷展栏中将"局部平移"中的 X、Y、Z 设置一定数值,让小球在空间内散乱分布,如图 3.3.120 所示。

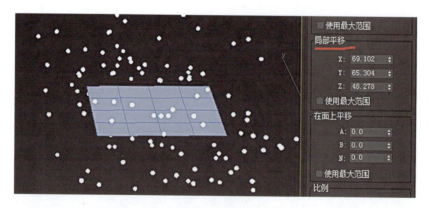

图 3.3.120

7. 可以来回调节第 6 步中的参数:"重复数"与"基本比例",以及"局部平移"中的 X、Y、Z 的数值,直至达到想要的效果,如图 3.3.121 所示。

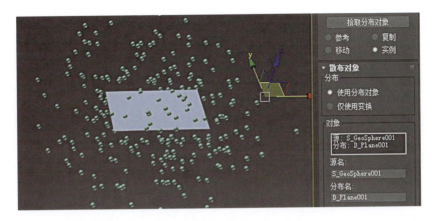

图 3.3.121

8. 选择平面模型,点击右键选择"隐藏选定对象",如图 3.3.122 所示。

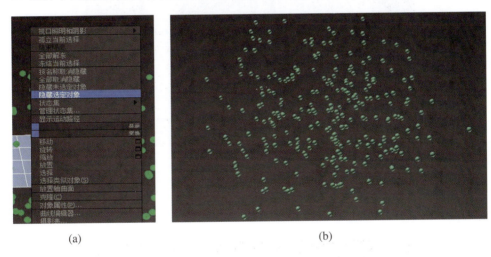

(a)   (b)

图 3.3.122

9. 最终给定材质,渲染出图,如图 3.3.123 所示。

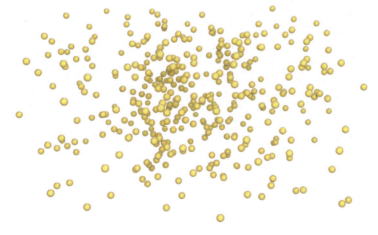

图 3.3.123

> **注** 最初的散布对象可以不是平面，也可以用几何体，可根据个人所需，灵活运用。

3.3.17 介孔球建模

介孔球建模会用到一个新命令——"布尔"。

1. 打开 3ds Max，在"创建"面板的"几何体"命令下"标准几何体"卷展栏中选择"几何球体"工具，在视图区创建几何球体，如图 3.3.124 所示。

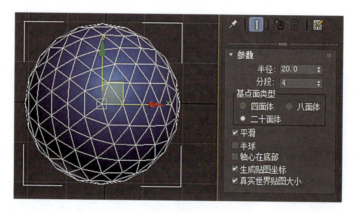

图 3.3.124

2. 在"创建"面板的"几何体"命令下"标准基本体"卷展栏中选择"圆柱体"工具，在视图区创建圆柱体，如图 3.3.125 所示。

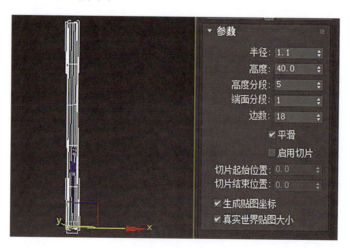

图 3.3.125

3. 选中该圆柱体，在"创建"面板的"几何体"命令下"复合对象"卷展栏中点击"散布"按钮，会出现子卷展栏，点击"拾取分布对象"按钮，然后点击几何球体，如图 3.3.126 所示。

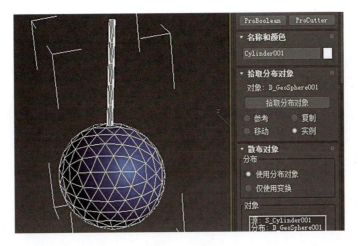

图 3.3.126

4. 往下拖动右边黑色拖动条,勾上"显示"卷展栏下的"隐藏分布对象",如图 3.3.127 所示。

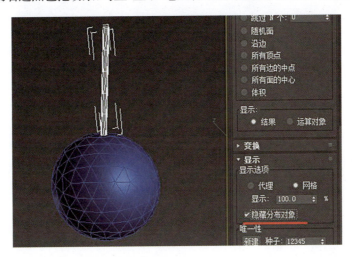

图 3.3.127

5. 紧接着将分布对象参数改为"所有顶点",圆柱体会按照几何球体的顶点区均匀散布,如图 3.3.128 所示。

图 3.3.128

6. 可以选中几何球体，通过改变该几何球体参数中的分段数来改变圆柱体散布的紧密程度，如图 3.3.129 所示。

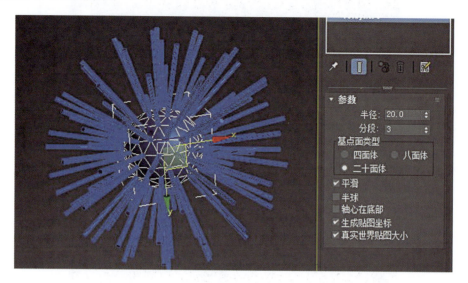

图 3.3.129

7. 再在"创建"面板的"几何体"命令下"标准几何体"卷展栏中选择"几何球体"工具，在视图区创建几何球体。选中新建的几何球体，然后按下上方工具栏中"对齐"按钮 ，紧接着点击散布对象的几何球体，把 X、Y、Z 轴全勾上，并点击"确定"，如图 3.3.130 所示。

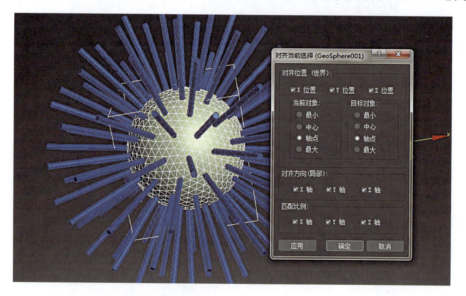

图 3.3.130

8. 选中该新几何球体，在"创建"面板的"几何体"命令下"复合对象"卷展栏中点击"布尔"按钮，会出现子卷展栏，先选择"差集"，然后点击"添加运算对象"按钮，最后拾取散布的圆柱体。当将散布的圆柱图切除之后，鼠标点击移动工具（快捷键为"W"）退出"布尔"命令面板,如图 3.3.131、图 3.3.132 所示。

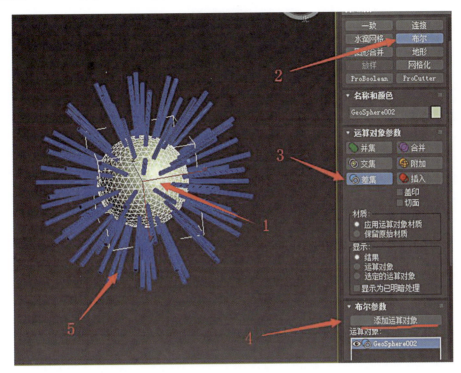

图 3.3.131

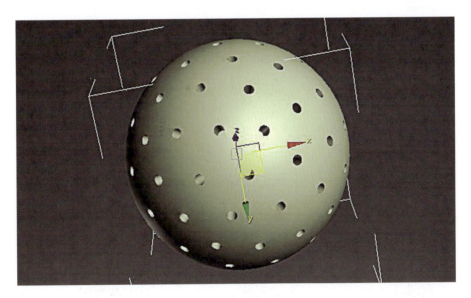

图 3.3.132

9. 最终可选中介孔球,点击右键选择"隐藏未选定对象",只留下介孔球,并给定材质,渲染出图,如图 3.3.133 所示。

图 3.3.133

注 （1）圆柱体在散布操作之后就不能调整半径大小了，只能在"基础比例"中按比例缩小，若是圆柱体太细就要重新创建再散布了。

（2）若不想要实心介孔球，而需要介孔球壳的话，可在第 7 步完成对齐之后，给几何球体添加"壳"修改器，然后再进入下面的布尔操作，最终将使介孔球壳结构呈现，介孔球壳厚度即为添加修改器中"壳"的厚度。

拓展案例

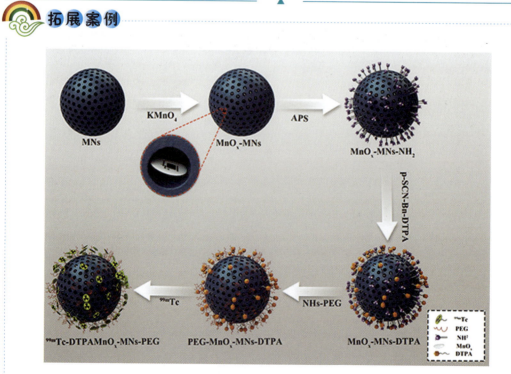

Nanoscale，Vol. 8，No, 47

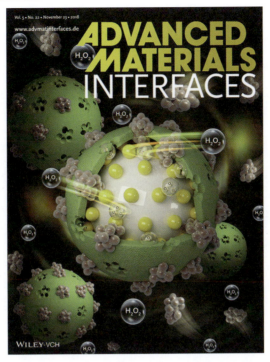

Advanced Materials Interfaces, Vol.5, No.22

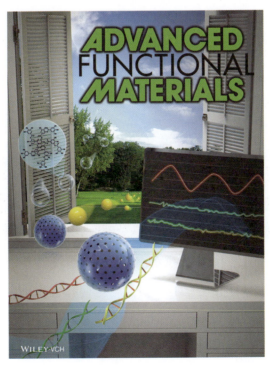

Advanced Funtional Materials, Vol.28, No.51

3.3.18 纳米颗粒四建模

1. 打开 3ds Max，在"创建"面板的"几何体"命令下"标准几何体"卷展栏中选择"几何球体"工具，在视图区创建几何球体，并在参数面板中的"基点面类型"中勾选八面体，如图 3.3.134 所示。

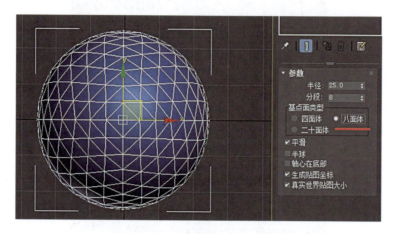

图 3.3.134

2. 用"Shift+移动工具"复制一个几何球体，如图 3.3.135 所示。

图 3.3.135

3. 选中其中一个几何球体，点击右键选择"转化为可编辑多边形"。在修改面板中"选择"下的子命令中按下"多边形"按钮 ，在前视图（快捷键为"F"）或顶视图（快捷键为"T"）中框选中四分之一的面（面被选中会以红色显示），按下键盘"Delete"键删除，然后再按下多边形按钮，退出子命令编辑，如图 3.3.136 所示。

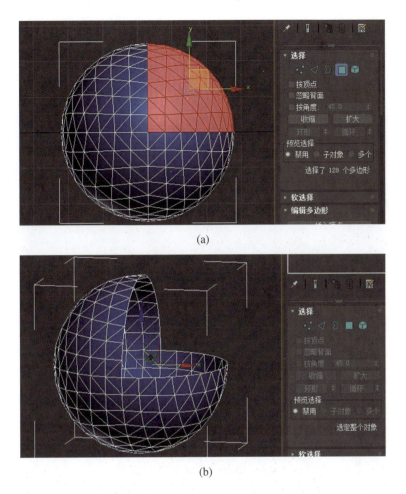

图 3.3.136

4. 在"创建"面板的"几何体"命令下"标准几何体"卷展栏中选择"几何球体"工具,在视图区创建几何球体模型,如图 3.3.137 所示。

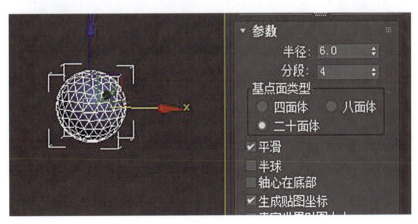

图 3.3.137

5. 选中该几何球体，在"创建"面板的"几何体"命令下"复合对象"卷展栏中点击"散布"按钮，会出现子卷展栏，点击"拾取分布对象"按钮，然后点击之前删除了四分之一面的几何球体，如图 3.3.138 所示。

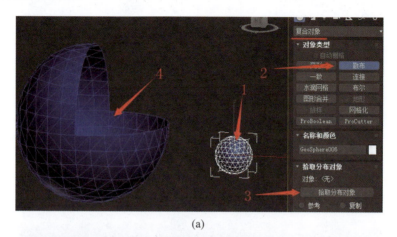

(a)

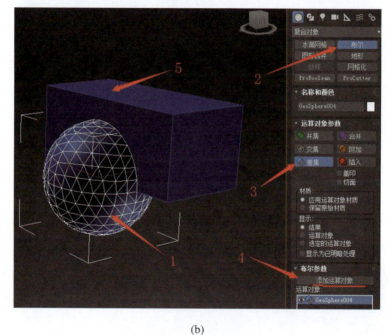

(b)

图 3.3.138

6. 往下拖动右边黑色拖动条，勾上"显示"卷展栏下的"隐藏分布对象"（运用散布命令时会显示分布对象，如不隐藏会出现两个分布对象，干扰后续建模），如图 3.3.139 所示。

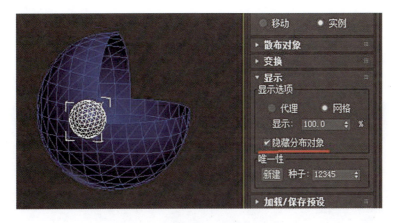

图 3.3.139

7. 紧接着将分布对象参数改为"区域";为"重复数"设置合适的大小,如图 3.3.140 所示。

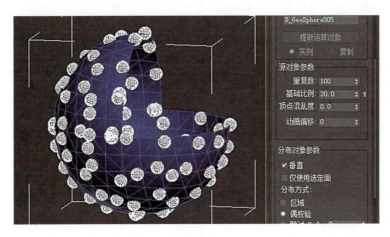

图 3.3.140

8. 在"创建"面板的"几何体"命令下"标准几何体"卷展栏中选择"长方体"工具,在视图区创建长方体模型,并且用移动工具(快捷键为"W")将长方体移动至另一个完整几何球体的四分之一处,如图 3.3.141 所示。

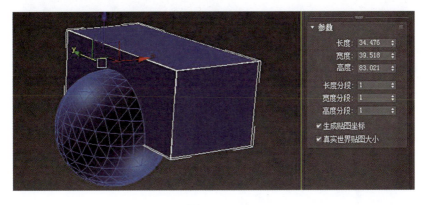

图 3.3.141

119

9. 选中该几何球体，在"创建"面板的"几何体"命令下"复合对象"卷展栏中点击"布尔"按钮，会出现子卷展栏，先选择"差集"，然后点击"添加运算对象"按钮，最后拾取长方体。布尔操作结束之后，鼠标点击移动工具（快捷键为"W"）退出"布尔"命令面板，如图 3.3.142 所示。

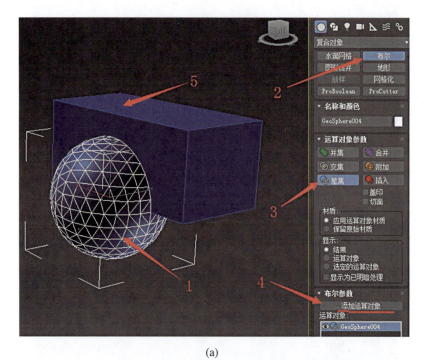

(a)

(b)

图 3.3.142

10. 选中前面散布完成的几何球体，点击"创建"面板右侧的"层次"面板下的"仅影响轴""居中到对象"，再次点击"仅影响轴"，如图 3.3.143 所示。

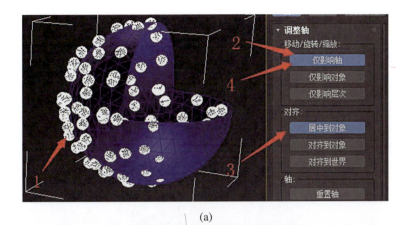

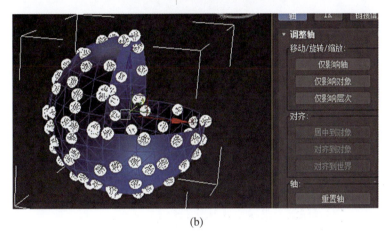

图 3.3.143

11. 此时散布的几何球体的轴心回到了球心,然后按下上方工具栏中的"对齐"按钮,紧接着点击经过"布尔"删除了四分之一的几何球体,把 X、Y、Z 轴全勾上,并点击"确定",如图 3.3.144 所示。

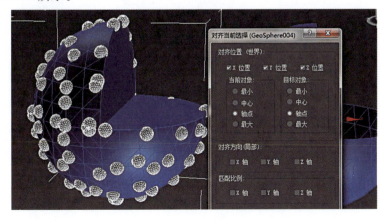

图 3.3.144

12. 最终可选中要留下的模型,点击右键选择"隐藏未选定对象",只留下散布的球体与四分之一实体球,并给定材质,渲染出图,如图3.3.145所示。

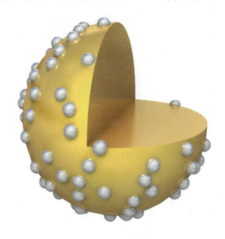

图3.3.145

Journal of Materials Chemistry A,Vol.6,No.46

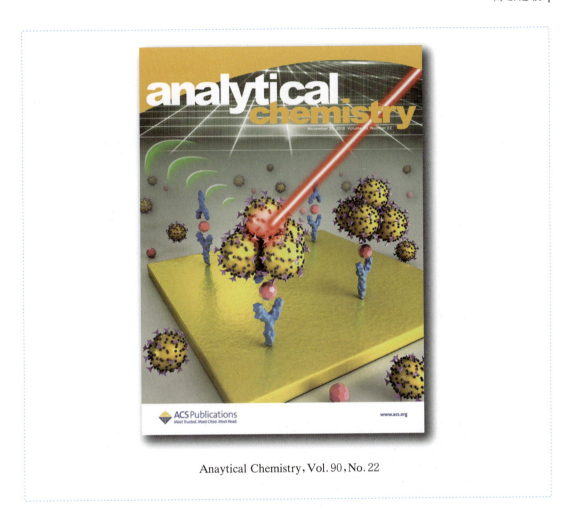

Anaytical Chemistry, Vol. 90, No. 22

3.3.19 纳米颗粒五建模

1. 打开 3ds Max,在"创建"面板的"几何体"命令下"标准几何体"卷展栏中选择"几何球体"工具,在视图区创建几何球体,如图 3.3.146 所示。

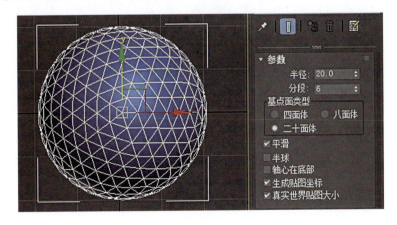

图 3.3.146

2. 再次在"创建"面板的"几何体"命令下"标准几何体"卷展栏中选择"几何球体"工具，在视图区创建几何球体，如图 3.3.147 所示。

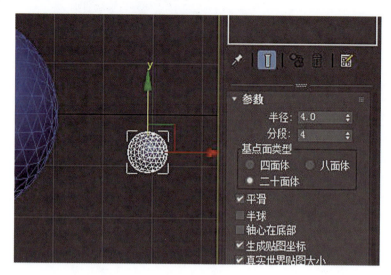

图 3.3.147

3. 在"创建"面板的"图形"命令下"样条线"卷展栏中选择"螺旋线"工具，在视图区创建螺旋线，如图 3.3.148 所示。

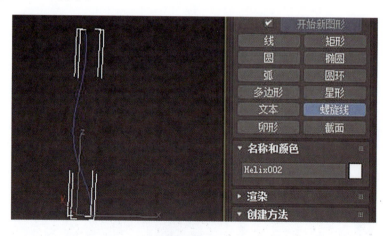

图 3.3.148

4. 进入修改面板，将渲染卷展栏下"在渲染中启用"与"在视口中启用"前面打钩。为半径 1、半径 2、高度、圈数设置适当的数值，如图 3.3.149 所示。

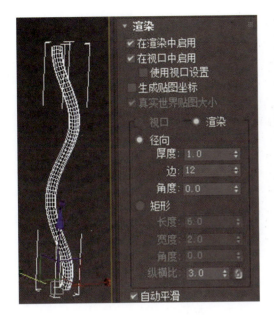
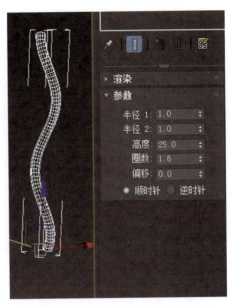

图 3.3.149

5. 选中螺旋线,点击右键选择"转化为可编辑多边形"(可以看到螺旋线的轴心是在底部的,若轴心在顶部可用"镜像" 使轴心在底部),如图 3.3.150 所示。

图 3.3.150

6. 移动小几何球体到螺旋线顶部对齐,可适当调整几何球体大小(为了方便最后给定材质,这里可以先分别给定两模型材质),如图 3.3.151 所示。

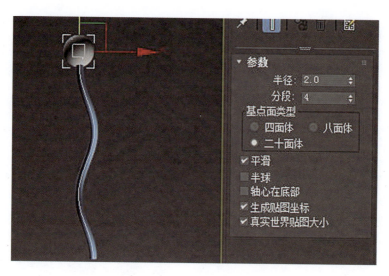

图 3.3.151

7. 选中螺旋线,在右边修改面板中点击"附加"按钮,再点击小几何球体,在弹出的"附加选项"框中选择"匹配材质 ID 到材质"点击"确定",并再次点击"附加"按钮退出该命令(此时螺旋线与小几何球体就合并成了一个模型),如图 3.3.152 所示。

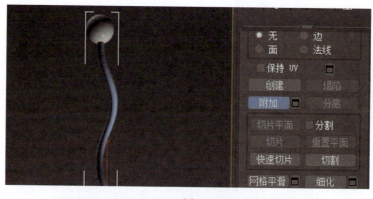

(a)

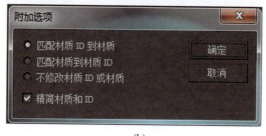

(b)

图 3.3.152

8. 选中该附加后的模型,在"创建"面板的"几何体"命令下"复合对象"卷展栏中点击"散布"按钮,会出现子卷展栏,点击"拾取分布对象"按钮,然后点击大的几何球体,如图3.3.153所示。

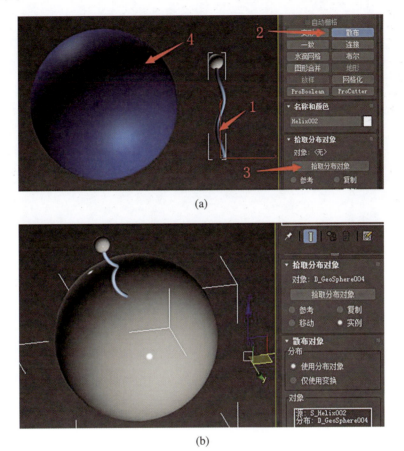

图 3.3.153

9. 往下拖动右边的黑色滚动条,勾上"显示"卷展栏下的"隐藏分布对象",如图3.154所示。

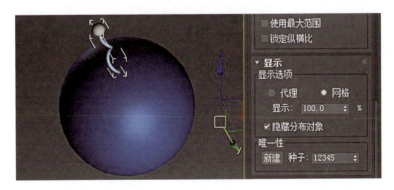

图 3.3.154

10. 紧接着将分布对象参数改为"区域";为"重复数"设定合适的大小,如图 3.3.155 所示。

图 3.3.155

11. 最终给定中间球体材质,渲染出图,如图 3.3.156 所示。

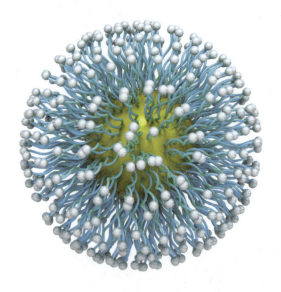

图 3.3.156

拓展案例

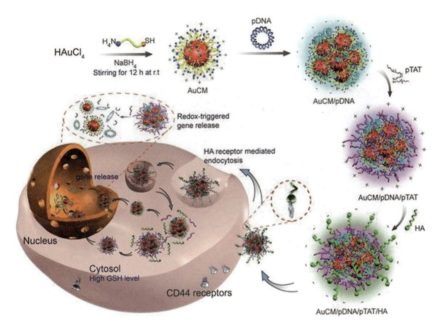

Journal of Biomedical Nanotechnology, Vol. 12, No. 3

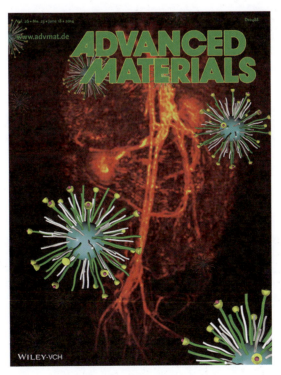

Advanced Materials, Vol. 26, No. 23

3.3.20 多孔材料—建模

1. 打开 3ds Max，在"创建"面板的"几何体"命令下"标准几何体"卷展栏中选择"长方体"工具，在视图区创建长方体，并分别设定长度、宽度、高度及其分段，如图 3.3.157 所示。

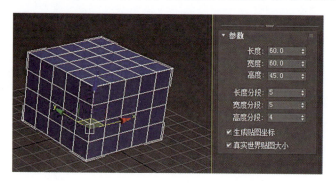

图 3.3.157

2. 选中该长方体，使用快捷键"Ctrl+V"原地复制一个长方体。然后在"修改面板"下点击修改器列表右边的小三角形标志，找到并点击"晶格"修改器，在参数设置里"几何体"下勾选"仅来自顶点的节点"，为"半径"设定合适的大小，如图 3.3.158 所示。

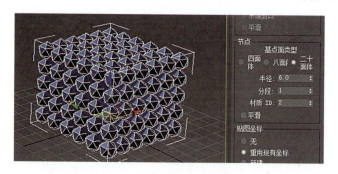

图 3.3.158

3. 在"修改面板"下点击修改器列表右边的小三角形标志，找到并点击"涡轮平滑"修改器，迭代次数设为 2，如图 3.3.159 所示。

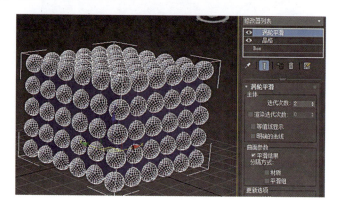

图 3.3.159

4. 选中长方体，在"创建"面板的"几何体"命令下"复合对象"卷展栏中点击"布尔"按钮，会出现子卷展栏，先选择"差集"，然后点击"添加运算对象"按钮，最后拾取晶格后的球体。布尔操作结束之后，鼠标点击移动工具（快捷键为"W"）退出"布尔"命令面板，如图 3.3.160 所示。

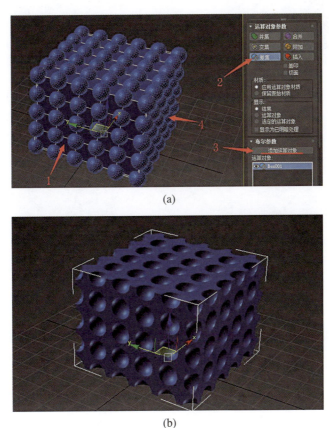

图 3.3.160

5. 最终给定材质，渲染出图，如图 3.3.161 所示。

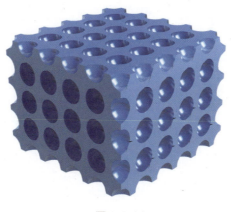

图 3.3.161

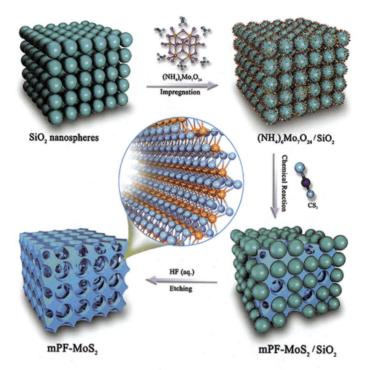

Nature Communications，Vol. 8

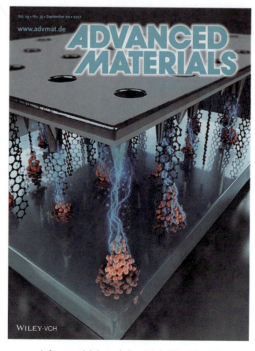

Advanced Materials，Vol. 29，No. 35

Advanced Science,Vol.3,No.3

3.4 石墨建模工具

石墨建模工具是3ds Max中另一种建模方法,可快速有效地建立某些特定模型,以及实现模型的不规则多边形的布线方式等。石墨建模工具使用时基于的前提就是可编辑多边形物体。在材料学建模方面,主要运用的是石墨建模工具中的"拓扑"功能。

石墨建模工具中拓扑命令的调出方法:在菜单栏点击"切换功能区"按钮,如图3.4.1所示。然后点击菜单栏最左边的"多边形建模"按钮,接着会出现"生成拓扑"命令(必须先选中已经转化为可编辑多边形的物体拓扑命令才有用,不然拓扑命令呈灰色),生产拓扑中有几种不同的方式可供选择,如图3.4.2所示。

图3.4.1

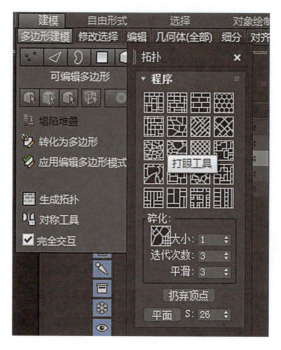

图 3.4.2

"生成拓扑"里有二十种拓扑方式,这里主要举例介绍两种:蜂房(第一行第四个)与蒙皮(第三行第一个)。

3.4.1 起伏石墨烯建模

这里主要运用蜂房拓扑。从名称"蜂房拓扑"容易让人想到是与六边形有关,此命令可进行石墨烯网建模。

1. 打开 3ds Max,在"创建"面板的"几何体"命令下"标准几何体"卷展栏中选择"平面"工具,在视图区创建平面。参数面板中设置:长度 100.0,宽度 100.0,长度分段 80,宽度分段 45。如图 3.4.3 所示。

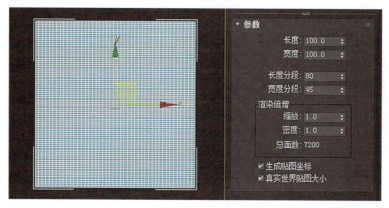

图 3.4.3

2. 选中平面，点击右键选择"转化为可编辑多边形"，在修改面板中"选择"下的子命令中按下"边"按钮 ◁ ，任意选中一条较长的边，如图3.4.4所示。

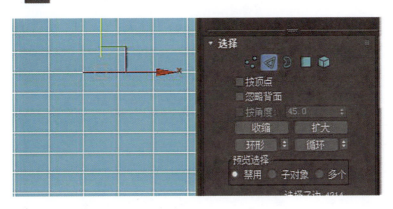

图 3.4.4

3. 紧接着在菜单栏点击"切换功能区"按钮 ▦ ，点击"多边形建模"按钮 多边形建模▼ ，然后点击"生成拓扑"命令 ▦ 生成拓扑 ，最后在出现的拓扑弹框中点击"蜂房拓扑"（第一行第四个），如图3.4.5所示。

(a)

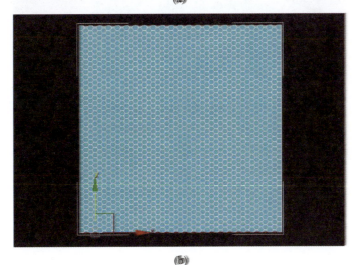

(b)

图 3.4.5

4. 点击子命令中的"边界"命令 ，点击选中最外面四条边，用键盘上的"Delete"删除，并再次点击选择下"边界"按钮 退出子命令层级，如图 3.4.6 所示。

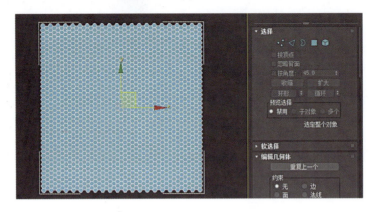

图 3.4.6

5. 石墨烯的六边形分布线就生成了，接着就可以按自己的要求添加"躁波""弯曲""晶格"等修改器了。

图 3.4.7

6. 给定材质，渲染出图，如图 3.4.8 所示。

图 3.4.8

**拓展案例**

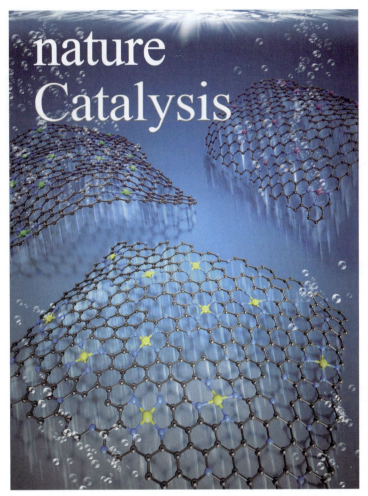

Nature Catalysis,Vol.1,No.1

3.4.2 不规则多面体建模

这里主要运用蒙皮拓扑。蒙皮拓扑可使模型的线段随机分布,不再按最开始的固有方式区分布。

1. 打开 3ds Max,在"创建"面板的"几何体"命令下"标准几何体"卷展栏中选择"平面"工具,在视图区创建平面。在参数面板中可任意设定长度、宽度、长度分段、宽度分段(但不能不设定),如图 3.4.9 所示。

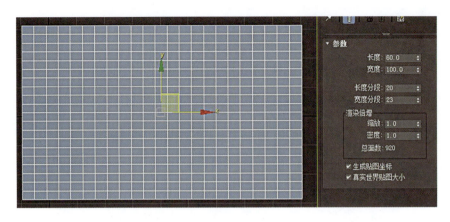

图 3.4.9

2. 选择"转换为可编辑多边形",点击菜单栏"切换功能区"按钮 ![icon]。然后点击"多边形建模"按钮 ![多边形建模],接着点击"生成拓扑"命令 ![生成拓扑],最后在出现的拓扑弹框中点击"蒙皮拓扑"(第三行第一个),就可以改变平面之前的矩形分段了,如图 3.4.10 所示。

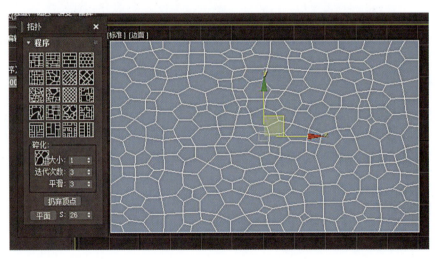

图 3.4.10

同样,其他可编辑多边形都可用此方法来改变线段分布,比如长方体。

1. 打开 3ds Max,在"创建"面板的"几何体"命令下"标准几何体"卷展栏中选择"长方体"工具,在视图区创建长方体。参数面板中可任意设定长度、宽度、高度、长度分段、宽度分段、高度分段(但不能不设定),如图 3.4.11 所示。

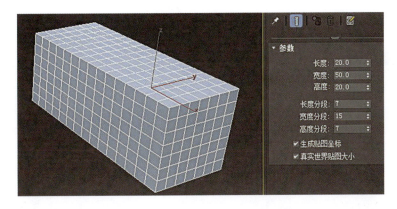

图 3.4.11

2. 选择"转换为可编辑多边形",在修改面板中"选择"下的子命令中按下的"边"按钮 ◁,选中 12 条长边(可框选所有边,然后分别在三视图中按住"Alt"键减选中间部分),如图 3.4.12 所示。

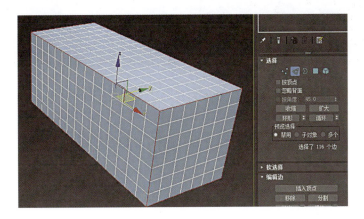

图 3.4.12

3. 紧接着点击"编辑边"卷展栏下"分割"按钮,并再次点击"选择"下的"边"按钮 ◁ 退出子命令层级,如图 3.4.13 所示。

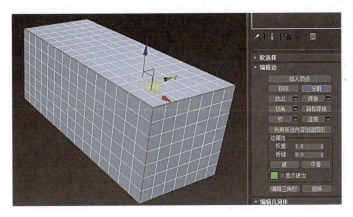

图 3.4.13

139

4. 点击菜单栏的"切换功能区"按钮 ，然后点击"多边形建模"按钮 多边形建模 ，接着点击"生成拓扑"命令 生成拓扑 ，最后在出现的拓扑弹框中点击"蒙皮拓扑"(第三行第一个)，就可以改变平面之前的矩形分段了，如图 3.4.14 所示。

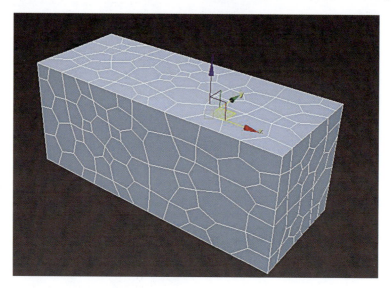

图 3.4.14

注 对于多面体，将其所有棱选中并分割是为保证其形态，如果棱不分割，形态就会改变，如图 3.4.15 所示。另外拓扑中还有其他的形式都可以参照蒙皮拓扑来使用，只是最终线段分布效果不同。

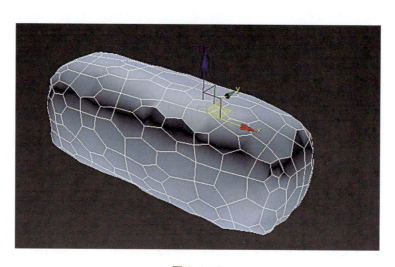

图 3.4.15

3.5 粒子系统、水滴网格的运用

水滴网格可以理解为模拟现实生活中的水滴功能,当两个水滴接触会相互融合,成为一个整体。所以在材料学建模的过程中,水滴网格可以理解为将两个物体融合的意思。

粒子系统(Particle System)是3ds Max提供的一种效果和动画制作手段,它适用于需要大量粒子的场合,具体来说,比如暴风雪、水流、爆炸、烟雾,当然不限于此,有些非常复杂的场景也可以用粒子系统来实现,在材料学建模中我们主要运用粒子来构建不规则的多孔材料的结构。

3.5.1 粒子融合效果建模

1. 打开3ds Max,在"创建"面板的"几何体"命令下"标准几何体"卷展栏中选择"长方体"工具,在视图区创建长方体。参数面板中可任意设定长度、宽度、高度,都设为50.0,分段数都设为1,如图3.5.1所示。

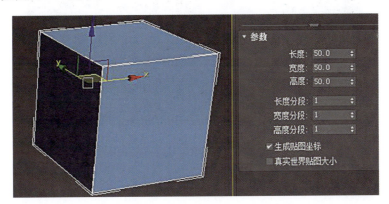

图 3.5.1

2. 在"创建"面板的"几何体"命令下"复合对象"卷展栏中选择"水滴网格"按钮,然后在视图区域点击它,会出现水滴网格的变形球。

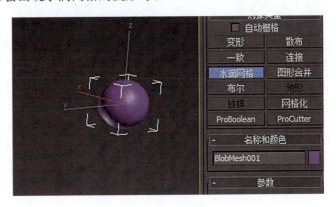

图 3.5.2

3. 先点击移动工具 ,再点击修改命令 ![mod] 进入修改面板[因为刚创建出水滴网格小球时修改面板中水滴对象下的拾取、添加、移除呈灰色,无法使用,所以先点击移动工具(或者点击旋转、缩放,或在视图区的空白地方点击一下也是一样的)退出,然后再次进入修改层级]。在修改面板中点击"水滴对象"下的"拾取"按钮,然后拾取长方体,如图 3.5.3 所示。

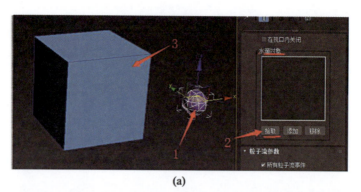

(a)

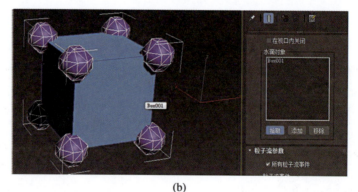

(b)

图 3.5.3

4. 在设置面板参数中调整"大小"的数值,当水滴网格形成的这些球变大至接近时,就会互相融合,融为一体。"计算粗糙度"的值越小,水滴网格球体越光滑,渲染的数值只对渲染出图有影响,视口的数值会影响当前所观察到的效果,如图 3.5.4 所示。

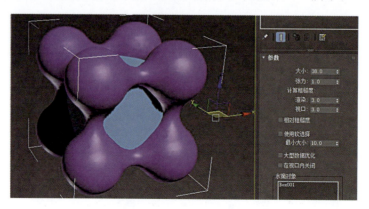

图 3.5.4

5. 选择中间长方体,点击右键选择"隐藏选定选项"将长方体隐藏,如图 3.5.5 所示。

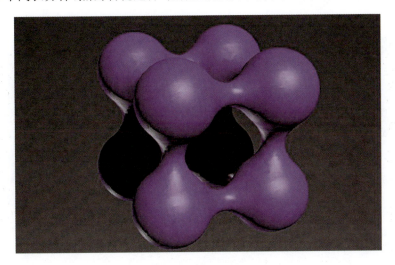

图 3.5.5

> **注** 水滴网格小球的分布也是根据被拾取物体点的分布而来的;每一个顶点处就会有一个水滴网格的小球,比如将长方体分段数设为 2,则水滴网格之后的效果如图 3.5.6 所示。

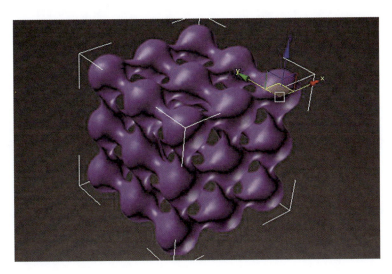

图 3.5.6

同样，也可以将被拾取物体换为其他三维模型。并且对于二维图像同样适用，如图 3.5.7 所示。

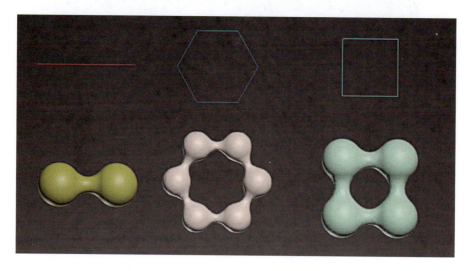

图 3.5.7

渲染效果如图 3.5.8 所示。

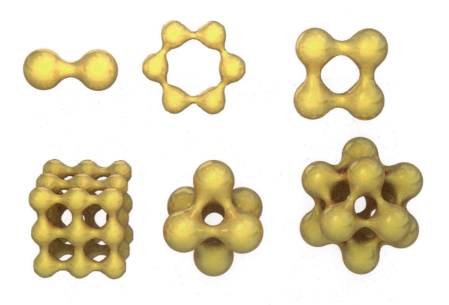

图 3.5.8

🌈 **拓展案例**

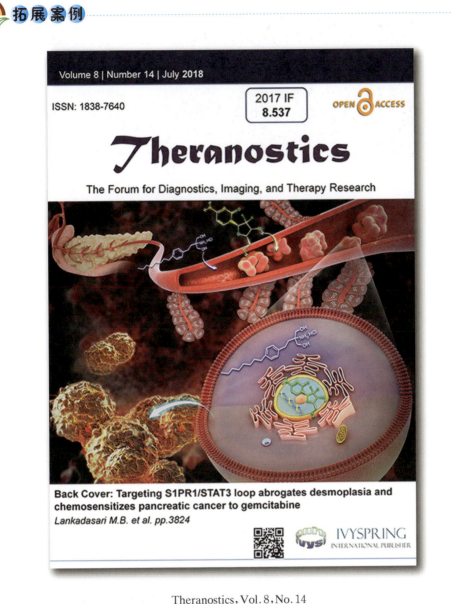

Theranostics，Vol. 8，No. 14

3.5.2 多孔材料二建模

1. 打开 3ds Max，在"创建"面板的"几何体"命令下"粒子系统"卷展栏中选择"粒子源流"命令，在视图区拖出一个粒子发射面，大小可由修改命令下的长、宽来调节，图标类型中有长方体、圆形、球体可供选择，如图 3.5.9 所示。

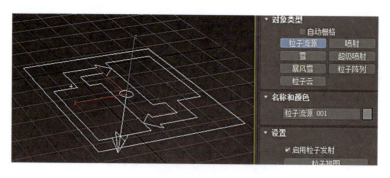

图 3.5.9

2. 拖动视图区域下方时间帧滑块 [6 / 100]，会出现粒子状态，粒子数量由视口粒子数量（操作模型时看到的数量）以及渲染粒子数量（最终渲染的数量）调节，一般二者设置成一样即可，如图 3.5.10 所示。

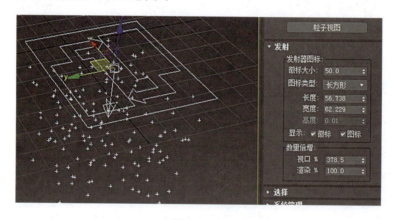

图 3.5.10

3. 点击"粒子视图"，会出现粒子视图的弹框，点击弹框内"形状 001（立方体 3D）"，右侧会出现修改粒子参数（弹框中的"大小"就决定了最后添加过水滴网格之后效果的大小，"缩放"指的是最终粒子的大小统一程度），如图 3.5.11 所示。

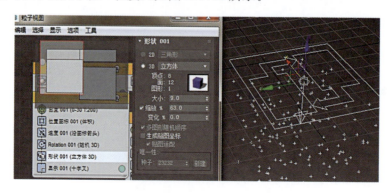

图 3.5.11

4. 在"创建"面板的"几何体"命令下"复合对象"卷展栏中选择"水滴网格"按钮，然后在视图区域点击,会出现水滴网格的变形球。先点击移动工具 (快捷键为"W"),再点击修改命令 进入修改面板[因为刚创建出水滴网格小球时修改面板中水滴对象下的拾取、添加、移除呈灰色,无法使用,所以先点击移动工具(或者点击旋转、缩放,或在视图区空白地方点击一下也是一样的)退出,然后再次进入修改层级]。在修改面板中点击"水滴对象"下的"拾取"按钮,然后拾取粒子(诸多粒子中随便拾取一个即可),如图3.5.12所示。

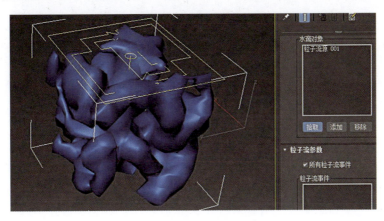

图 3.5.12

5. 修改面板中"计算粗糙度"越小,变形球越饱满圆润,"张力"越小,变形球越膨胀,如图3.5.13所示。

图 3.5.13

6. 粒子球数量由"数量倍增"中视口数量决定,粒子大小需在步骤3中的粒子视图弹框中调节(这时候调整水滴网格中的大小没有用),如图3.5.14所示。

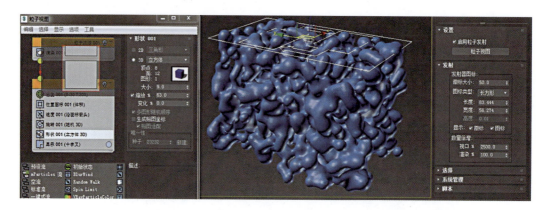

图 3.5.14

> **注** 选中变形球进入修改面板是对水滴网格的参数进行调整,选中粒子发射面进入修改面板是对粒子参数进行调整。在进入粒子视图弹框中调节"大小"的数值时视图中的粒子并不会马上改变,需要再调整"数量倍增"中视口的值才行,哪怕视口的值只改动1,如此让大小与视口来回协调,直至达到满意的效果。

7. 最后选中模型,点击右键选择"转换为可编辑多边形",若模型不够圆滑,可在"修改面板"下点击修改器列表右边的小三角形标志,找到并点击"松弛"修改器,松弛值设为1。给定材质,渲染出图,如图 3.5.15 所示。

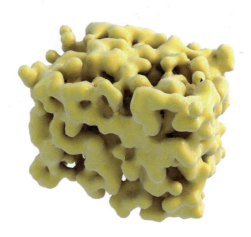

图 3.5.15

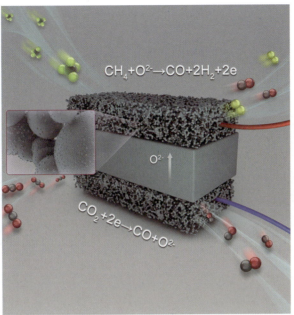

Advanced Science, Vol. 4, No. 3

Dalton Fransactions, Vol. 47, No. 17

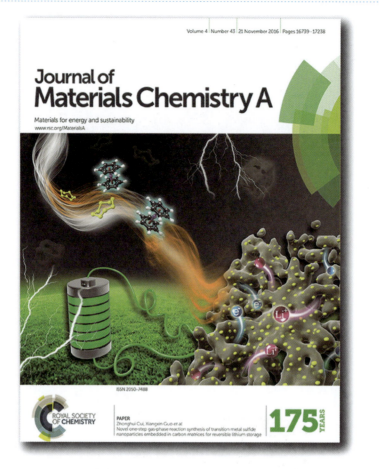

Journal of Materials Chemistry A,Vol.4,No.43

3.6 本章小结

本章主要讲解了高级建模中的几种重要技术。在修改器建模中,详细讲解了常用修改器的用法,包括"挤出"修改器、"弯曲"修改器、"扭曲"修改器、"晶格"修改器、"躁波"修改器、"布尔"修改器以及不同修改器的结合使用。另外,还有许多没有讲解到的修改器,操作方法基本都类似,读者需要逐一去尝试、了解并灵活运用。在多边形建模中也讲解了多边形对象的重要卷展栏以及子命令层级顶点、边、边界、多边形、元素的使用方法,这也是进一步优化与调整模型的重要操作方法。在石墨建模工具中,讲解了两种较为常用的拓扑,同样需要读者去尝试其他拓扑的运用,活学活用。在水滴网格与粒子系统中主要讲解了一种构建不规则多孔模型的办法,粒子系统较难理解,但是功能较强、效果较好。

第 4 章

渲染技术

本章将进入3ds Max的渲染层级，渲染是依附材质、灯光、摄像机等让我们创建出的模型最终展现出高质量的着色效果、灯光效果、阴影效果和表面纹理效果等，以使粗糙暗淡的模型呈现出生活中常见的某一特定真实效果。

4.1 灯光技术

3ds Max 中的灯光包括"光度学"灯光、"标准"灯光、"Arnold"灯光和"VRay"灯光。有光才有影,才能让物体呈现出三维立体感,不同的灯光效果营造的视觉效果也不一样。

在"创建"面板中单击"灯光"按钮 ,在其下拉列表中可以选择灯光类型:"光度学"灯光、"标准"灯光、"Arnold"灯光、"VRay"灯光。如图 4.1.1 所示。

图 4.1.1

> **注** 若没有安装"VRay"渲染器,系统默认的只有"光度学"灯光、"标准"灯光和"Arnold"灯光。

"光度学"灯光是系统默认灯光,共有 3 种:"目标灯光""自由灯光""Sky 灯光"。

"目标灯光"带有一个目标点,用于指向被照明物体,"目标灯光"主要用来模拟现实中的筒灯、射灯和壁灯等。

"自由灯光"没有目标点,常用来模拟发光球、台灯等。

"Sky 灯光"与 VRay 光源较相似,不过必须配合天光才能使用,一般使用较少。

"标准"灯光包括 8 种类型:"目标聚光灯""Free Spot(自由聚光灯)""目标平行光""自由平行光""泛光灯""天光""mr 区域泛光灯"和"mr 区域聚光灯"。

"目标聚光灯"可以产生一个锥形照射区域,区域以外的对象不会受到灯光影响,主要用来模拟吊灯、手电筒等发出的光。

"Free Spot（自由聚光灯）"与"目标聚光灯"的参数基本一致，只是它无法对发射点和目标点分别进行调节，适用于动画灯光，比如舞台上的射灯。

"目标平行光"可以产生一个照射区域，主要用来模拟自然光线的照射效果。

"自由平行光"可以产生一个平行的照射区域，常用来模拟太阳光。

"泛光灯"可以向周围发射光线，其光线可以到达场景中无限远的地方，比较容易创建和调节，能够均匀照射场景。

"天光"主要用来模拟天空光，以穹顶方式发光。

"mr 区域泛光灯"和"mr 区域聚光灯"与前面光源的不同之处在于可以从圆柱体区域以及矩形区域发射光线，而不是从点发射光线，一般使用较少。

安装好 VRay 渲染器后在"灯光"创建面板中就可以选择 VRay 光源，VRay 灯光包含 4 种类型："VRay 灯光（光源）""VRay IES""VRay 环境光"和"VRay 太阳"。

"VRay 灯光（光源）"主要要来模拟室内光源，是一般制作中使用频率最高的一种灯光。

参数面板中各参数介绍如下（图 4.1.2）：

"开"：控制是否开启 VRay 灯光。

"排除"：排除灯光对物体的影响。

"类型"：是指光源类型，有平面、穹顶、球体和网格体。

"倍增"：VRay 光源的强度。

"颜色"：灯光的颜色。

(a)　　　　　　　　　　　　(b)

图 4.1.2

"半长度"/"半宽度":灯光的长度/宽度,即面积大小。
"双面":用来控制是否让灯光的双面都产生照明效果。
"投射阴影":控制是否对物体的光照产生阴影。
"不可见":最终渲染时是否显示灯光形状。
"不衰减":正常情况下所有光线都是有衰减的,若勾选这个选项,VRay将不计算灯光衰减效果。
"VRay太阳"主要用来模拟真实的室外太阳光,参数面板也较为简单。

> 注 3ds Max中灯光的类型虽然比较多,但是有重要与次要之分。一般常用的是目标灯光、目标聚光灯、目标平行光、VRay灯光和VRay太阳光,需多操作熟悉,尤其是VRay灯光。

4.2 摄影机技术

图4.2.1

3ds Max中的摄影机默认有"标准"摄影机和"Arnold"摄影机,"标准"摄影机又包括"物理摄影机""目标摄影机"和"自由摄影机"。安装V-Ray渲染器后,摄影机列表中会增加V-Ray摄影机,如图4.2.1所示。

摄影机在制作效果图中是非常有用的,3ds Max中的摄影机与真实的摄影机很类似,不过真正设置起来也较为麻烦。但是在一般情况下只需要用到其固定视角的功能就可以了。当我们确定了需要某一个视角,在该视角下,按快捷键"Ctrl+C"就可以快速创建摄影机,将当前视角固定,要退出该固定视角时按快捷键"P",也就是进入透视图,如果切换视角调整模型后要回到之前的视角,只需按快捷键"C"就能立刻回到该摄影机视角。

4.3 渲染器设置

当我们创建好模型,并打完灯光之后,需要的就是通过渲染来出图,得到最终的图像。

3ds Max默认的渲染器"默认扫描线渲染器"是一种多功能渲染器,可以将场景渲染为从上到下生成的一系列扫描线,该渲染器渲染速度特别快,但是渲染功能不强。

2018版又默认新增了"ART渲染器",虽然在国内还没有很多朋友接触它、使用它,但是Artlantis的高科技创新在任何3D建模软件中都是不可否认的同伴,其操作理念、超凡的速度及相当好的质量都证明它是一个难得的渲染软件。

按键盘"F10"键（或者点击工具栏中渲染设置按钮 ）打开"渲染设置"对话框，3ds Max 2018 默认的渲染器就是"ART 渲染器"，如图 4.3.1 所示。

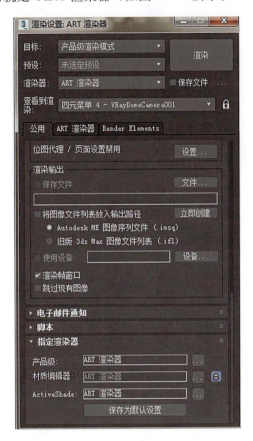

图 4.3.1

"ART 渲染器"的参数有"公用""ART 渲染器""Render Elements（渲染元素）"三大选项。感兴趣的读者也可以用该渲染器进行尝试。在这里主要讲解 V-Ray 渲染器的使用。

V-Ray 渲染器是保加利亚公司开发的一款高质量渲染引擎，由于 V-Ray 渲染器可以真实地模拟显示光照，并且操作简单，可控性强，因此被广泛应用于建筑表现、工业设计和动画制作等领域。V-Ray 的渲染速度与渲染质量比较均匀，能够在保证较高渲染质量的前提下也具有较快的渲染速度，是目前较为流行的渲染器。

安装好 V-Ray 渲染器之后，若想使用该渲染来渲染场景，可以按"F10"键（或者点击工具栏中的渲染设置按钮 ）打开"渲染设置"对话框，然后在"公用"选项卡下展开"指定渲染器"卷展栏，接着单击"产品级"选项后面的"选择渲染器"按钮 ，最后在弹出的"选择渲染器"对话框中选择 V-Ray 渲染器即可，如图 4.3.2 所示。

(a) （b）

图 4.3.2

V-Ray 渲染器参数主要包括"公用""V-Ray(VR-基项)""GI(VR 间接照明)""设置""Render Elements(渲染元素)"五大选项卡，如图 4.3.3 所示。一般普通渲染的许多参数值都是默认设置的，只需调整部分就行，下面就按照需要调整的设置进行讲解。

1. 在"公用"选项卡的"公用参数"卷展栏中有"输出大小"可以设置宽度、高度，即最后渲染出图的图像大小（像素）。

图 4.3.3

2. "V-Ray(VR－基项)"选项卡下包含 11 个卷展栏,如图 4.3.4 所示。

图 4.3.4

点开"帧缓冲"卷展栏,选择"启动内置帧缓存"(如图 4.3.5 所示),就可以使用 V-Ray 渲染器的渲染窗口,按快捷键"F9/Shift + Q"或者点击工具栏"渲染产品"按钮 ,3ds Max 会弹出 V-Ray 渲染弹框,说明就已经启用了 V-Ray 渲染器。

图 4.3.5

点开"图像采样(抗锯齿)"与"图像过滤"卷展栏,如图 4.3.6 所示,会出现图像采样器的类型以及抗锯齿过滤器。

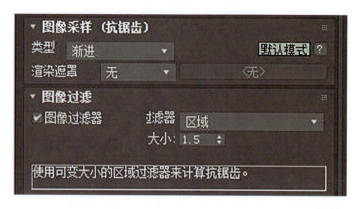

图 4.3.6

一般在测试效果时,会选择图像采样器的类型为"渐进",抗锯齿过滤器为"区域",因为这样设置渲染速度快,便于观察效果,但是图像质量偏低。在最终出图时选择图像采样器的类型为"块",抗锯齿过滤器为"Catmull – Rom",渲染速度较慢,但图像质量高,如图 4.3.7 所示。

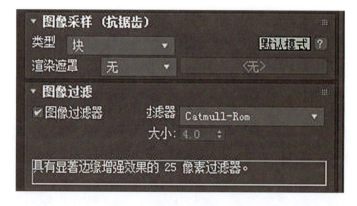

图 4.3.7

点开"全局 DMC"采样器,"噪波阈值"表示控制图像噪点数目,阈值越低噪点越少,图像质量越高,同时渲染速度越慢,如图 4.3.8 所示。

图 4.3.8

点开"V-Ray 环境"卷展栏,开启全局照明(GI),如图 4.3.9 所示。

图 4.3.9

3. "GI(VR 间接照明)"选项卡下包含 4 个卷展栏,如图 4.3.10 所示。

图 4.3.10

在 V-Ray 渲染器中,如果没有开启间接照明,则效果就是直接照明效果,开启后就可以得到间接照明效果,光线就会在物体之间相互反弹,因此光线计算更加准确,图像也更加真实。

点开"GI"卷展栏如图 4.3.11 所示,开启间接照明,首次反弹的全局照明引擎为发光贴图,二次反弹的全局照明引擎为灯光缓存。

图 4.3.11

点开"发光贴图"卷展栏,当前预置中有从低到高可选择(图 4.3.12),等级越高图像质量越好,渲染速度越慢;基本参数中半球细分和差值采样可做调整,数值越高图像质量越好,渲染速度越慢。

图 4.3.12

4. "设置"选项卡下包含 5 个卷展栏,如图 4.3.13 所示。

图 4.3.13

最终,设置完参数之后,按快捷键"F9/Shift+Q"或者点击工具栏渲染产品按钮 ,会弹出 3ds Max "帧缓冲区"渲染窗口,如图 4.3.14 所示。

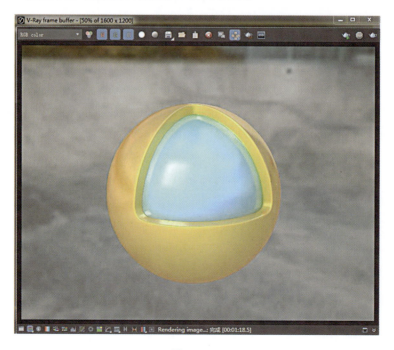

图 4.3.14

在渲染窗口中：

![保存]按钮为保存图像，将渲染好的图像保存到指定路径中。

![清除]按钮为清除图像，清楚帧缓存中的图像。

![跟踪]按钮为渲染时跟踪鼠标，强制渲染鼠标所指区域。

![区域]按钮为区域渲染，使用该按钮在渲染窗口拖出一块渲染区域，再次渲染时就只渲染这一区域。

> **注** 渲染窗口中的背景颜色可在按键盘上的快捷键"8"弹出的"环境与效果"对话框的"颜色"中更改（图4.3.15）。曝光控制中选择"找不到位图代理管理器"，否则渲染会一片白。

图 4.3.15

4.4 材质技术

材质主要用于表现物体的颜色、质地、纹理、透明度和光泽度等特性，依靠各种类型的材质可以制作出现实世界中的任何物体。

4.4.1 材质编辑器

所有的材质都在材质编辑器对话框中完成，我们可以按键盘上的"M"键或者点击工具栏中材质编辑器按钮![材质]来打开材质编辑器对话框，如图4.4.1所示。

图 4.4.1

材质编辑器的"模式"菜单主要用来切换"精简材质编辑器"(图 4.4.1)和"Slate 材质编辑器"(图 4.4.2)。"精简材质编辑器"是一个简化了的编辑界面,使用的对话框比"Slate 材质编辑器"小;"Slate 材质编辑器"是一个完整的材质界面,在设计和编辑材质时使用节点和关联以图形方式显示材质结构。

图 4.4.2

虽然"Slate 材质编辑器"在设计材料时功能更强大,但"精简材质编辑器"在设计材料时更方便,下面的内容中主要以"精简材质编辑器"来讲解。

4.4.2 V-Ray 材质

我们打开的材质编辑器中的材质球都是基本材质球,并非 V-Ray 材质,需要点击"物理材质"(或者"standard",有的默认以扫描线渲染器的就是 standard),然后在弹出的对话框中双击"VRayMtl",切换到 V-Ray 渲染材质球(见图 4.4.3)。

图 4.4.3

材质球示例框主要用来显示材质效果,通过它可以直接观察出材质的基本属性,如反光、凹凸纹理等。双击一个独立的材质球显示窗口,可以将窗口进行放大和缩小来观察当前设置的材质效果(图4.4.4)。

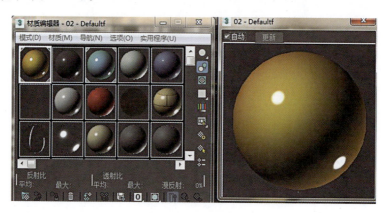

图4.4.4

在"材质编辑器"中材质球示例框的下侧和右侧有工具栏,下面介绍主要工具栏:

:将材质指定给选定对象,先选中物体,再点击想要赋予的材质球,最后点击该按钮赋予材质(或者直接拖动材质球到物体上)。

:显示明暗处理材质,给定物体材质后,若视图中物体没有显示新材质,可点击此按钮。

:按材质选择,指定使用当前材质的所有对象。

VRayMtl材质是使用频率最高的一种材质,也是使用范围最广的一种材质,常用于制作效果图。VRayMtl材质能够出色地表现出一些反射和折射效果,其参数面板如图4.4.5所示。

图4.4.5

下面选择常用的重要的部分进行讲解:

1."基本参数"卷展栏。

展开"基本参数"卷展栏,如图4.4.6所示。

图 4.4.6

漫反射：决定物体表面的颜色。通过点击色块，可以调整自身颜色，单击右边的按钮 ■ 可以选择不同的贴图类型。

粗糙度：数值越大，效果越粗糙。

反射：反射是靠颜色的灰度来控制的，颜色越白反射越亮，越黑反射越弱；而如果在这里选择颜色，则是反射出来的颜色，和反射的强度是分开计算的。单击旁边的按钮 ■，可使用贴图的灰度来控制反射的强弱。

菲涅耳反射：勾选该选项后，反射强度会与物体的入射角度有关，入射角越小，反射越强烈。菲涅耳反射是模拟真实世界中的一种反射现象，反射的强度与摄影机的视点和具有反射功能的物体的角度有关。

菲涅耳 IOR（折射率）：在菲涅耳反射中，菲涅耳现象的强弱衰减率可用该选项来调节。

高光光泽：控制材质的高光大小，默认情况下和反射光泽度一起关联控制，可以通过单击旁边的"锁"按钮 L 来解除锁定，从而可以单独调整高光大小。

反射光泽：也被称为"反射模糊"，默认值1表示没有模糊效果，数值越小，模糊效果越强。单击旁边的按钮 ■，可通过贴图的灰度来控制反射模糊效果的强弱。

细分：用于控制"反射光泽度"的品质，较高的值可以取得较平滑的效果，较低的值会产生颗粒杂点。细分越大，渲染越慢。

最大深度：指反射次数，数值越高，效果越真实，渲染时间越长。

折射：和反射原理一样，颜色越白，物体越透明，颜色越黑，物体越不透明，单击旁边的按钮 ■，可通过贴图的灰度来控制折射的强弱。

IOR（折射率）：设置透明物体的折射率。

光泽:控制物体折射模糊的程度,数值越小,模糊程度越明显,默认值1表示不产生折射模糊,单击旁边的按钮，可通过贴图的灰度来控制折射模糊效果的强弱。

最大深度:和反射中的最大深度原理一样。

细分:控制折射模糊的品质,较高的值可以取得较平滑的效果,较低的值会产生颗粒杂点。细分越大,渲染越慢。

退出颜色:当折射颜色为白色时,物体完全透明,没有颜色,这时就用退出颜色来代替。

影响阴影:若勾选该选项,透明物体将产生真实的阴影。但这项只对V-Ray光源有效。

背面颜色:用来控制半透明效果的颜色。

2."贴图"卷展栏如图4.4.7所示。

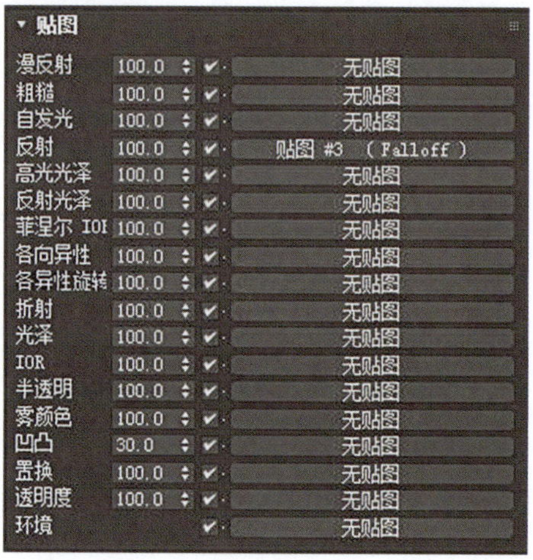

图4.4.7

凹凸:主要用于制作物体的凹凸效果,在后面的通道中可以加载一张凹凸贴图。

置换:主要用于制作物体的置换效果,在后面的通道中可以加载一张凹凸贴图。

透明度:主要用于制作物体的透明效果,在后面的通道中可以加载一张黑白透明贴图。

环境:主要是针对上面的一些贴图而设定的,比如反射、折射等,只是在其贴图的效果中加入了环境贴图效果。

4.5 本章小结

本章主要讲解了灯光的类型、V-Ray渲染器的设置,渲染参数的设置,材质编辑器的使用,并介绍了V-Ray材质的漫反射、反射、折射。这些内容是渲染须必备的,也是基础。需要熟练掌握之后,才能得心应手,渲染出所需的图像效果。

第 5 章

综 合 运 用

本章通过论文配图和论文封面两个实景模拟案例，来巩固之前的学习。了解了每个单一元素的制作，我们还需要掌握整个图像的排版设计，元素与元素之间的逻辑整合，以及封面制作上需要的效果呈现。

5.1 配图案例

配图案例如图 5.1.1 所示。

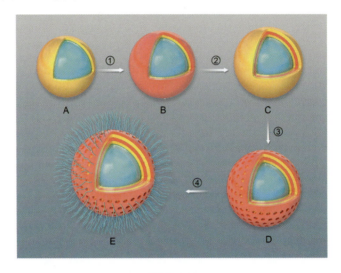

图 5.1.1

本图是根据科研绘图中常用的一些元素结构整合的一张配图,并非真实发表的。观察配图中五个元素的结构,建模需要综合运用前面几章所讲述的内容,如球壳结构、多边形建模、布尔命令、散布命令等。

5.1.1 元素 A

1. 打开 3ds Max,在"创建"面板的"几何体"命令下"基本标准体"卷展栏中选择"几何球体"工具,在视图区创建几何球体,参数设置中的"基点面类型"选择"八面体",如图 5.1.2 所示。

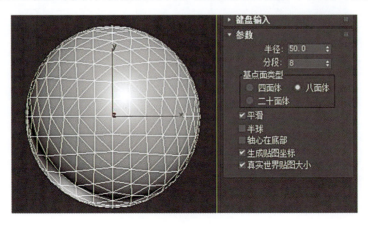

图 5.1.2

2. 选中该几何球体,点击右键选择"转化为可编辑多边形",然后在子命令的选择中按下多边形按钮▣,并且框选中几何球体八分之一的面[可以在前视图(快捷键为"F")中框选四分之一的面,然后在顶视图(快捷键为"T")中再以按住键盘上"Alt"键减选的方法减选八分之一]用"Delete"键删除。删除后再按下多边形按钮▣,退出子命令的编辑,如图 5.1.3 所示。

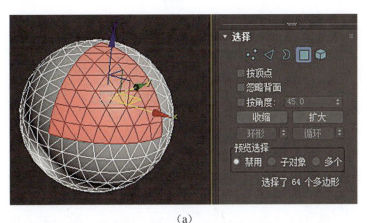

(a)

(b)

图 5.1.3

3. 选择该被删除八分之一的空球体,在"修改面板"下点击修改器列表右边的小三角形标志,找到并点击"壳"修改器(内部量、外部量分别指球壳内外厚度),如图 5.1.4 所示。

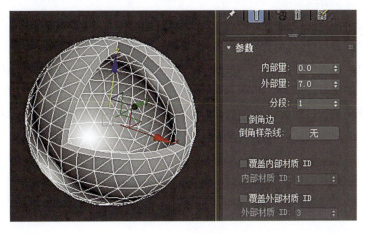

图 5.1.4

4. 然后再在"创建"面板的"几何体"命令下"基本标准体"卷展栏中选择"几何球体"工具,创建出一个新的几何球体。选中新的几何球体,再按下工具栏中对齐按钮 （图5.1.5）,紧接着点击球壳模型,将新几何球体与球壳模型中心对齐,在弹出的"对齐当前选择"框中,X位置、Y位置、Z位置前都打上钩(图5.1.6)。

图 5.1.5

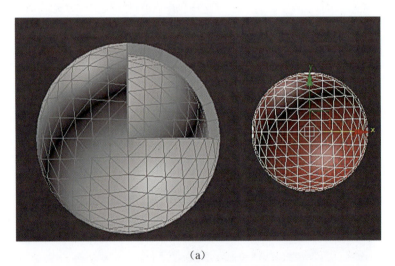

(a)

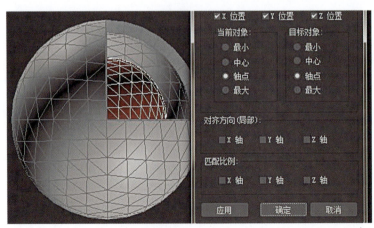

(b)

图 5.1.6

5. 选中中间几何球体,在修改面板 下调整该几何球体大小,使之刚好内切于球壳模型,球壳结构就基本构建出来了(图5.1.7)。

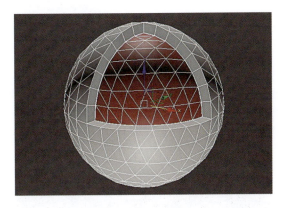

图 5.1.7

6. 选中该球壳结构,点击右键选择"转换为可编辑多边形",在子命令的选择中按下"边"按钮 ,选中球壳结构厚度中间的一条边(图5.1.8)。

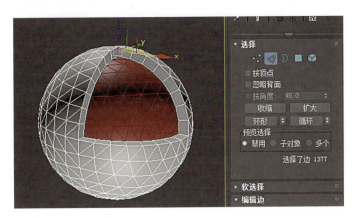

图 5.1.8

7. 按下"边"按钮下方的"环形"按钮,此时会选中该边所在的一圈的边线,如图5.1.9所示。

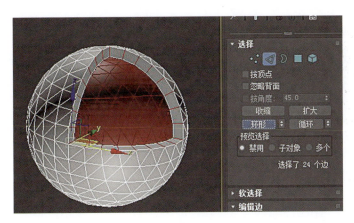

图 5.1.9

8. 点击"编辑边"卷展栏下"连接"右边的小方框 ，在弹出的"连接边"弹框中设置,如图 5.1.10 所示,最后点钩确定。并再次按下"边"按钮 ，退出子层级编辑。

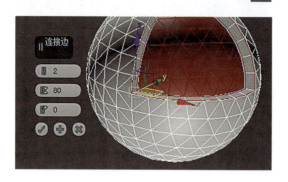

图 5.1.10

9. 在"修改面板"下点击修改器列表右边的小三角形标志,找到并点击"涡轮平滑"修改器,迭代次数设为 2,如图 5.1.11 所示。

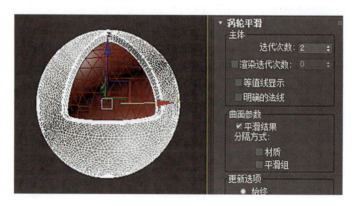

图 5.1.11

10. 最后可以取消显示线框(快捷键也是"F4"),以便观察模型,再给定材质,渲染出图(图 5.1.12)。

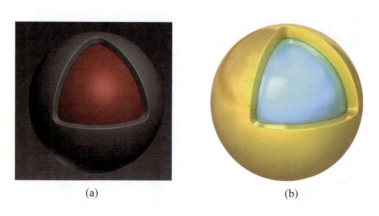

(a)　　　　　　　　　　(b)

图 5.1.12

5.1.2 元素 B

1. 紧接着第一个模型进行操作,选中八分之一缺口的球壳结构,用"Shift + 缩放命令(中心缩放)"复制出一个八分之一球壳结构,并通过缩放命令(中心缩放)让新的球壳外切于之前的球壳结构(图 5.1.13)。

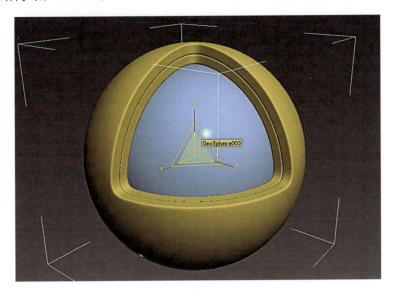

图 5.1.13

2. 按键盘上的"M"键打开材质编辑器,选择一个新材质球调整参数,并为新的八分之一缺口球壳设定新的材质,渲染出图(图 5.1.14)。

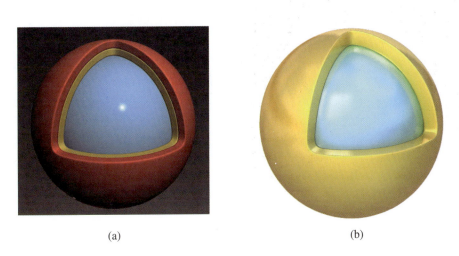

(a) (b)

图 5.1.14

5.1.3 元素 C

1. 紧接着第二个模型进行操作,选中最外面的八分之一缺口的球壳结构,用"Shift + 缩放命令(中心缩放)"复制出一个八分之一球壳结构,并通过缩放命令(中心缩放)让新的球壳外切于该球壳结构(图 5.1.15)。

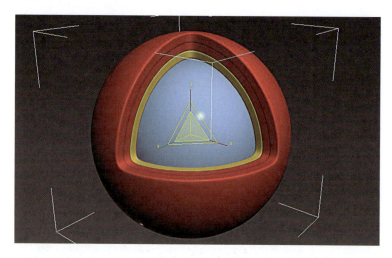

图 5.1.15

2. 按键盘上的"M"键打开材质编辑器,选择一个新材质球调整参数,并为新的八分之一缺口球壳设定新的材质,渲染出图(图 5.1.16)。

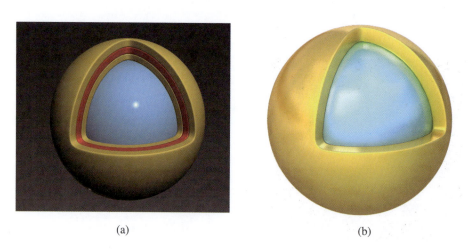

(a)　　　　　　　　　　　　(b)

图 5.1.16

5.1.4 元素 D

1. 同前面一样,用"Shift+缩放命令(中心缩放)"将最外层的八分之一球壳结构复制出来一个(图 5.1.17)。

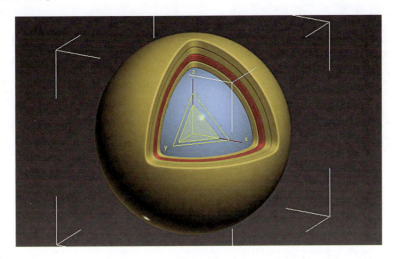

图 5.1.17

2. 同前,再用"Shift+缩放命令(中心缩放)"将中心的几何球体复制一个出来(复制出的几何球体不能大于最外层球壳大小),如图 5.1.18 所示。

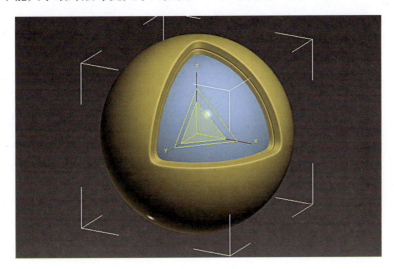

图 5.1.18

3. 在选中新复制的几何球体时,按住"Ctrl"键不放(加选),再点击最外层球壳结构,点击右键选择"隐藏未选定对象",视图中只显示新的几何球体与最外层球壳(图 5.1.19)。

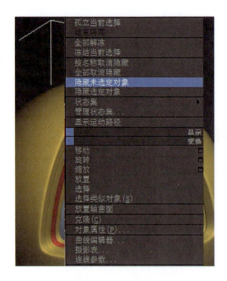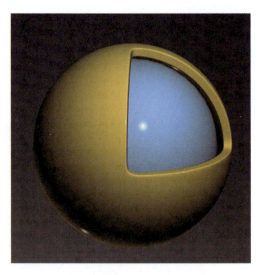

图 5.1.19

4. 在"创建"面板的"几何体"命令下"标准基本体"卷展栏中选择"圆柱体"工具,在视图区创建圆柱体(图 5.1.20)。

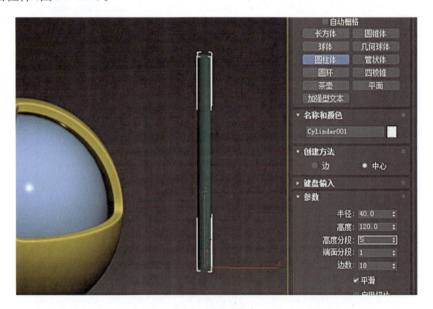

图 5.1.20

5. 选中该圆柱体,在"创建"面板的"几何体"命令下"复合对象"卷展栏中点击"散布"按钮,会出现子卷展栏,点击"拾取分布对象"按钮,然后点击几何球体(图 5.1.21)。

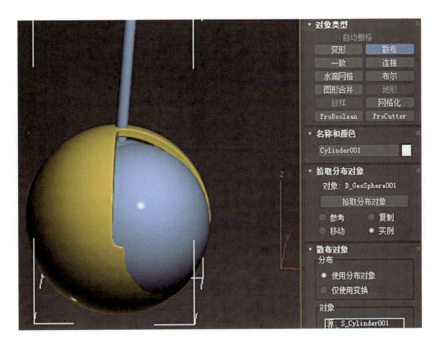

图 5.1.21

6. 往下拖动右边的黑色滚动条,勾上"显示"卷展栏下的"隐藏分布对象"(图 5.1.22)。

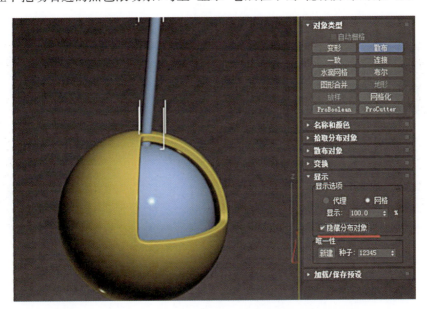

图 5.1.22

7. 紧接着将分布对象参数改为"所有顶点",圆柱体会按照几何球体的顶点区均匀散布(图 5.1.23)。"源对象参数中"的"基础比例"可以缩放散布的圆柱体整体大小。

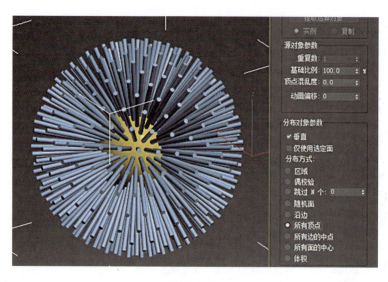

图 5.1.23

8. 选中散布的圆柱体，点击右键选择"转换为可编辑多边形"，在子命令"选择"栏中点击元素按钮 ⬛，与八分之一球壳一样框选八分之一的圆柱体[可以在前视图（快捷键为"F"）框选四分之一的面，然后在顶视图（快捷键为"T"），以按住键盘"Alt"键减选的方法减选八分之一]用"Delete"键删除，并再次点击元素按钮 ⬛ 退出子命令层级（图 5.1.24）。

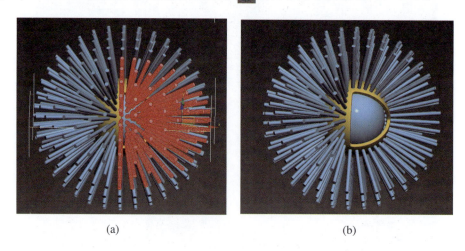

(a)   (b)

图 5.1.24

9. 选中八分之一球壳模型，在"创建"面板的"几何体"命令下"复合对象"卷展栏中点击"布尔"按钮，会出现子卷展栏，先选择"差集（A－B）"，然后点击"添加运算对象"按钮，最后拾取散布的圆柱体。当将散布的圆柱图切除之后，鼠标点击移动工具（快捷键为"W"）退出"布尔"命令面板（图 5.1.25）。

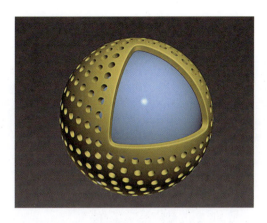

图 5.1.25

10. 选中该几何球体删除,并在视图区点击右键选择"全部取消隐藏",然后为最外层多孔球壳设定新材质,并渲染出图(图 5.1.26)。

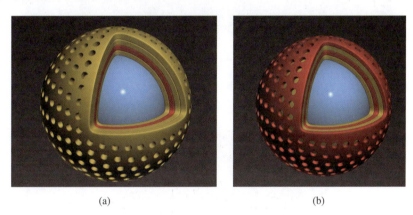

(a)　　　　　　　　　　　　(b)

图 5.1.26

5.1.5　元素 E

1. 用"Shift + 缩放命令(中心缩放)"将中心的几何球体复制一个出来(复制出的几何球体不能大于最外层球壳,但差不多大),如图 5.1.27 所示。

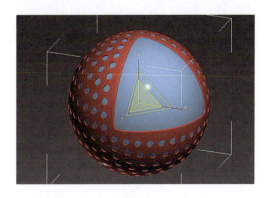

图 5.1.27

2. 在"创建"面板的"图形"命令下"样条线"卷展栏中选择"螺旋线"工具,在视图区创建螺旋线(图5.1.28)。

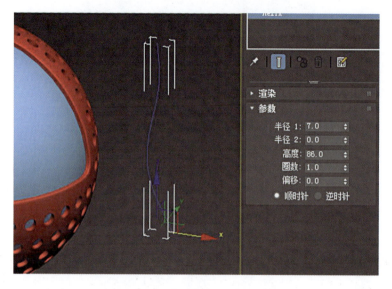

图 5.1.28

3. 进入修改面板,将渲染卷展栏下"在渲染中启用"与"在视口中启用"前面打钩。为半径1、半径2、高度、圈数设定适当的数值(图5.1.29)。

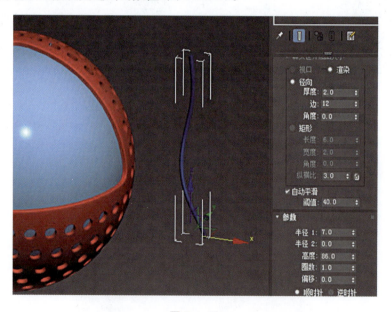

图 5.1.29

4. 和前面一样,选中该螺旋线,在"创建"面板的"几何体"命令下"复合对象"卷展栏中点击"散布"按钮,会出现子卷展栏,点击"拾取分布对象"按钮,然后点击几何球体(图5.1.30)。

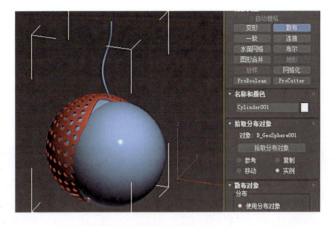

图 5.1.30

5. 往下拖动右边的黑色滚动条,勾上"显示"卷展栏下的"隐藏分布对象"(图 5.1.31)。

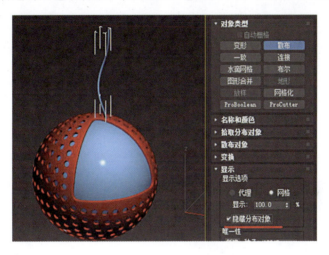

图 5.1.31

6. 紧接着将分布对象参数改为"所有顶点","基础比例"还是一样,用于调整散布模型的大小比例(图 5.1.32)。

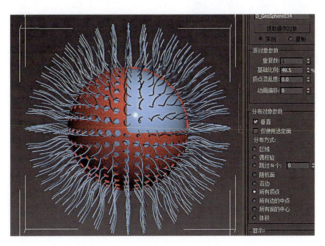

图 5.1.32

7. 选中散布的螺旋线，点击右键选择"转换为可编辑多边形"，在子命令"选择"栏中点击"元素"按钮 ■，框选八分之一的螺旋线［可以在前视图（快捷键为"F"）框选四分之一的面，然后在顶视图（快捷键为"T"），以按住键盘"Alt"键减选的方法减选八分之一］用"Delete"键删除，并再次点击"元素"按钮 ■ 退出子命令层级（图5.1.33）。

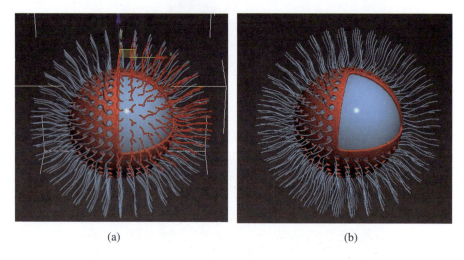

(a)　　　　　　　　　　　　　　(b)

图 5.1.33

8. 选中几何球体删除，然后为最外层螺旋线设定新材质，并渲染出图（图5.1.34）。

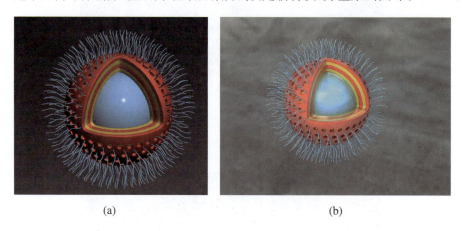

(a)　　　　　　　　　　　　　　(b)

图 5.1.34

最终将五个模型渲染图在 Photoshop 软件中进行布局排版，加箭头、加背景。

> **注** 为保证五个模型的最终效果图视角相同，可在最终建模完后加一个摄像机（选定视角后在透视图中按"Ctrl＋C"键），透视图与相机视角切换的快捷键分别为"P"和"C"。

5.2 封面案例

本节封面案例如图 5.2.1 所示。

图 5.2.1（案例模拟图，非真实发表）

当我们设计制作类似期刊封面效果的图像时，需要根据使用的场景，读者类型来考虑选择不同的设计思路。如果图像作为期刊封面发表，那么就需要分析目标期刊的版式、风格、图像选择倾向性等来构思设计方案、构图设计、主配角选定、前景背景搭配等。

本图是模拟发表期刊封面场景所做的设计，用《nature》的版式效果作为演示，并非真实发表的。图像中展现的是两种不同结构的材料，分别呈现释放和吸收两种状态。"主角"选定为释放和吸收两种材料的分子结构，前景呈现释放和吸收状态，背景用两种材料的结构阵列来做烘托。结合动态效果、明暗处理、虚实衔接来完成此封面的设计。值得注意的是，各大期刊的封面版式都有具体要求，需要在某期刊特定版式下完成图像设计，若抛开版式作图，则可能会南辕北辙。

5.2.1 球体阵列

此模型的建模方法在前面的建模案例中已有讲解。

1. 打开 3ds Max，在"创建"面板的"几何体"命令下"基本标准体"卷展栏中选择"几何球体"工具，在视图区创建几何球体（见图 5.2.2）。

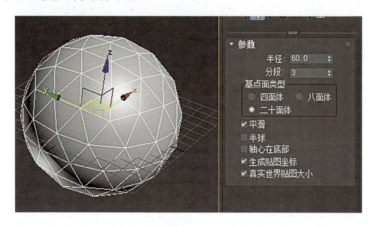

图 5.2.2

2. 选中该几何球体，在"修改面板"下点击修改器列表右边的小三角形标志，找到并点击"晶格"修改器。参数面板几何体中选择"仅来自顶点的节点"，然后调节半径大小（图 5.2.3）。

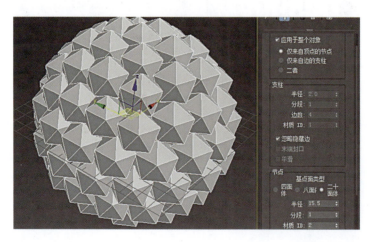

图 5.2.3

3. 在"修改面板"下点击修改器列表右边的小三角形标志，找到并点击"涡轮平滑"修改器（图 5.2.4），迭代次数设为2（如果需要该模型的阵列可省去涡轮平滑步骤，或者迭代次数设为1，球越圆润分段越高，阵列多了容易造成电脑卡顿），如图 5.2.5 所示。如果最终球与球间距太大不够紧密，可以再进入"晶格"

图 5.2.4

修改器的控制面板调整节点的半径大小。

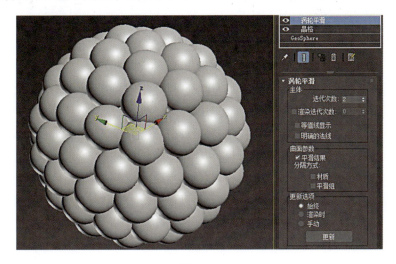

图 5.2.5

4. 给定材质,渲染出图,如图 5.2.6 所示(此步骤可放在最后一起渲染出图,此处只为便于观察效果)。

图 5.2.6

5. 选中前面晶格生成的模型,点击右键选择"转换为可编辑多边形"(因为此处需要使该模型阵列化,使用了"晶格"修改器后的模型转换为可编辑多边形后面数会减少,按数字键"7",可在视图区左上角看到当前模型总面数)。然后用"Shift+移动工具"将中心的几何球体复制多个出来,形成阵列(图 5.2.7)。

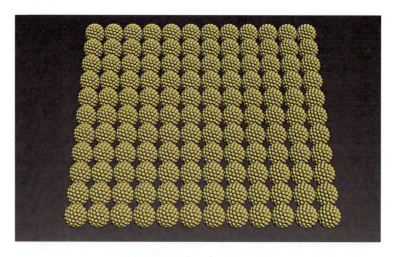

图 5.2.7

6. 按键盘上的"F10"键打开渲染设置,在"公用"选项卡的"公用参数"卷展栏下设置输出大小,类型为"自定义",宽度、高度依据所做期刊封面尺寸的长宽比来设置(尺寸太小最终图像会很模糊,尺寸太大渲染较慢),如图 5.2.8 所示。

图 5.2.8

7. 关闭渲染设置对话框,在视图区按快捷键"Shift + F",显示安全框(安全框内的模型渲染时才会显示,安全框的大小即上步骤中设置的宽度、高度)。再次按快捷键"Shift + F"可隐藏安全框,如图 5.2.9 所示。

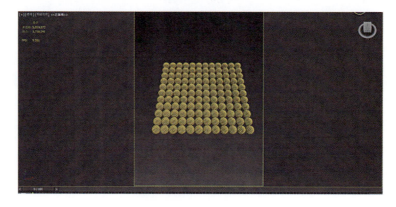

图 5.2.9

8. 用"Alt+鼠标中键"旋转视角,以及滚动鼠标中键缩放模型,来找到如封面案例中合适的视角,并用"Ctrl+C"键以当前视角建立摄影机,固定当前视角(只有在透视图中才可以),在摄影机视角左上角会有相机的英文字样,如图5.2.10所示。

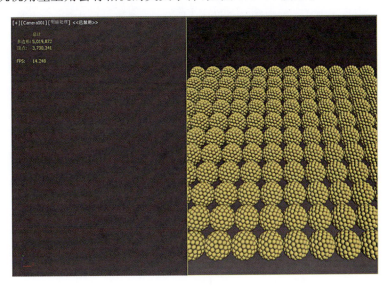

图 5.2.10

9. 按"M"键打开材质编辑器,设置一个新材质球,给场景中一般的模型设置另外一种材质,如图5.2.11所示。

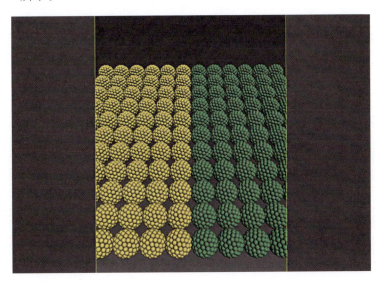

图 5.2.11

5.2.2 主体结构

在前面的建模案例中已讲解单个碳包覆球体模型的建模方法,这里的多个碳包覆球体模型的建模方法与之类似。

1. 在前面的模型中,切换到透视图(快捷键为"P"),并在视图空白区点击右键选择"隐藏为选定对象",现将所有模型隐藏。然后在"创建"面板的"几何体"命令下"标准几何体"卷展栏中选择"几何球体"工具,在视图区创建几何球体。参数设置中"半径"设为32.0,"分段"设为3,在"基本点类型"中勾选二十面体,如图5.2.12所示。

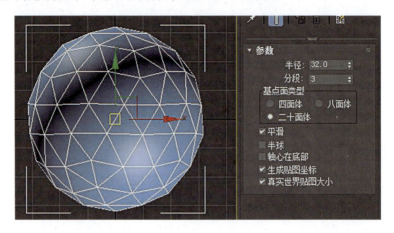

图 5.2.12

2. 在"修改面板"下点击修改器列表右边的小三角形标志,找到并点击"晶格"修改器,参数设置中"几何体"下勾选"仅来自顶点的节点",节点类型"二十面体",半径设为9.0,如图5.2.13所示。

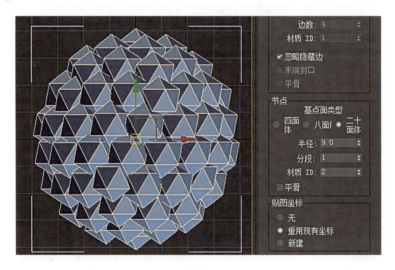

图 5.2.13

3. 在"修改面板"下点击修改器列表右边的小三角形标志,找到并点击"涡轮平滑"修改器,迭代次数设为2,如图5.2.14所示。

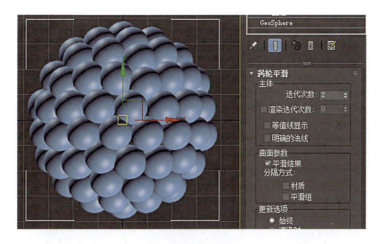

图 5.2.14

4. 选中该物体用快捷键"Ctrl + V"原地复制一个模型,用鼠标右键隐藏其中一个模型,另一个在修改面板中删除"涡轮平滑"修改器,如图 5.2.15 所示。

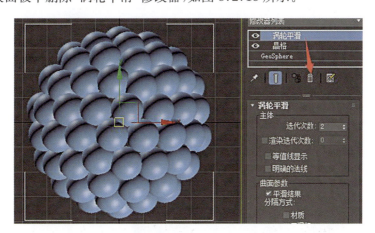

图 5.2.15

5. 紧接着在晶格修改器下的修改参数中将"半径"改为 7.5,分段设为 3,如图 5.2.16 所示。

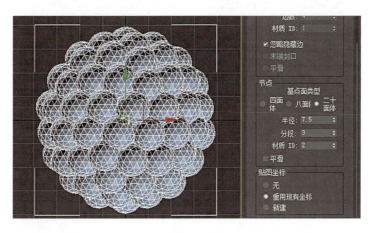

图 5.2.16

6. 点击右键选择"转换为可编辑多边形",在修改面板的"选择"下点击"边"按钮 ◁,并全选所有边线,如图 5.2.17 所示。

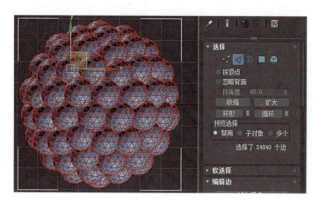

图 5.2.17

7. 在"编辑几何体"卷展栏下点击"网格平滑"按钮,接着用"Ctrl + 退格键(Backspace)"删除选中的三角线,并再次点击修改面板"选择"下的"边"按钮 ◁,退出子层级命名,如图 5.2.18 所示。

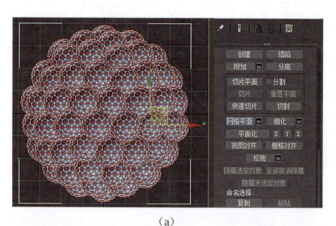

(a)

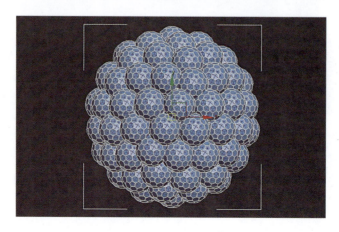

(b)

图 5.2.18

8. 在"修改面板"下点击修改器列表右边的小三角形标志,找到并点击"晶格"修改器,参数设置中"几何体"下勾选"二者",支柱"半径"设为 0.2,节点的"基点面类型"勾选"二十面体",节点"半径"设为 0.4,并将前面隐藏的模型显示出来,如图 5.2.19 所示。

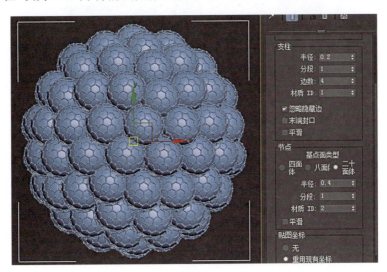

图 5.2.19

9. 在"修改面板"下点击修改器列表右边的小三角形标志,找到并点击"涡轮平滑"修改器,迭代次数设为 2,再分别设定材质,如图 5.2.20 所示。

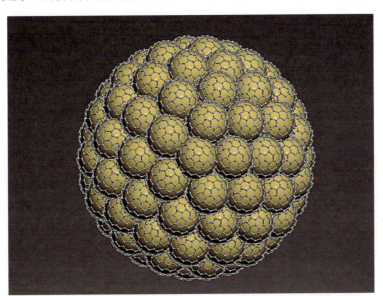

图 5.2.20

10. 在视图空白区点击右键选择"全部取消隐藏",并框选该模型,用"Ctrl + 移动工具"(快捷键为"W")拖动复制,并分别移动到合适位置,以便最终相机视角能达到封面案例中的效果,如图 5.2.21 所示。透视图与相机视图切换的快捷键分别为"P"和"C"。

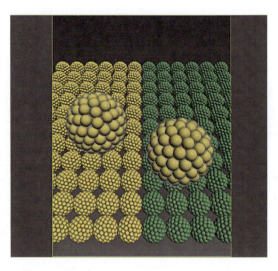

图 5.2.21

从封面案例中可以发现主体物中间有一部分是不一样的,我们可以在相同位置做出另外不同的模型(没有碳包裹的部分),然后将两个渲染图放入 Photoshop 软件中处理。现在分别开始做出两主体物之间不同的部分。

5.2.3 释放结构

1. 只选择左边主体物的黄色球团,用快捷键"Ctrl + V"原地复制一个,然后点击右键选择"隐藏未选定模型",只留下一个黄色球团。将黄色球团转换为可编辑多边形,并在修改面板的"选择"下点击元素按钮 ,按住"Ctrl"键点击选中黄色球团的几个小球,并点击修改面板中"编辑几何体"卷展栏下的"分离"按钮,选中的球就会分离开,如图 5.2.22 所示。再次点击修改面板"选择"下的"元素"按钮 ,退出子层级命名。

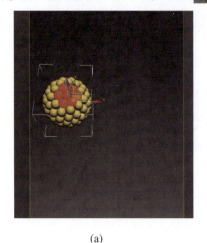

(a) (b)

图 5.2.22

2. 用快捷键"Shift + F"隐藏安全框,并切换到透视图(快捷键为"P"),隐藏其余部分,只留下分离开的小球模型,如图 5.2.23 所示。

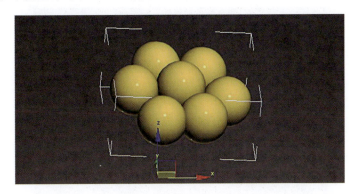

图 5.2.23

3. 在"创建"面板的"几何体"命令下"扩展几何体"卷展栏中选择"几何球体"工具,在视图区创建几何球体。选中新建的几何球体,然后按下上方工具栏中的"对齐"按钮 ,紧接着点击分离出的小部分黄色球团,把 X 轴、Y 轴、Z 轴全勾选上,如图 5.2.24 所示。

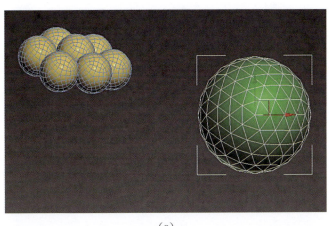

(a)

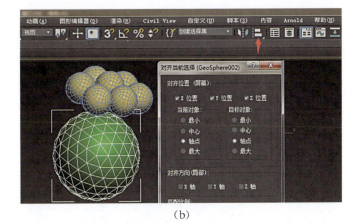

(b)

图 5.2.24

4. 调整几何球体的半径、分段数，让其交错分离出的黄色球团的一半左右，如图 5.2.25 所示。

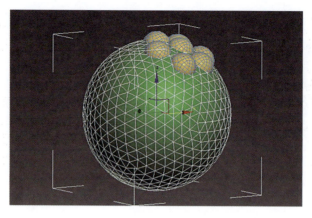

图 5.2.25

5. 选中分离出的黄色球团，在"修改面板"下点击修改器列表右边的小三角形标志，找到并点击"壳"修改器，参数中"内部量"设为 0.5（数值不绝对，根据自己的模型大小而定，可按"F3"键进入线框图观察），如图 5.2.26 所示。

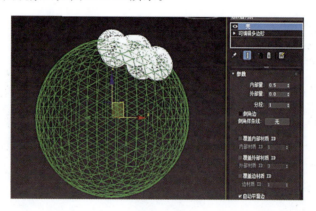

图 5.2.26

6. 选中几何球体，在"修改面板"下点击修改器列表右边的小三角形标志，找到并点击"壳"修改器，为参数中的"外部量"设定适当的数值，使得几何球体盖过分离出的黄色球团，如图 5.2.27 所示。

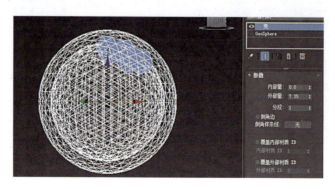

图 5.2.27

7. 选中黄色球团,在"创建"面板的"几何体"命令下"复合对象"卷展栏中点击"布尔"按钮,会出现子卷展栏,先选择"差集",然后点击"添加运算对象"按钮,最后拾取几何球体。布尔操作之后,鼠标点击移动工具(快捷键为"W"),退出"布尔"命令面板,如图 5.2.28 所示。

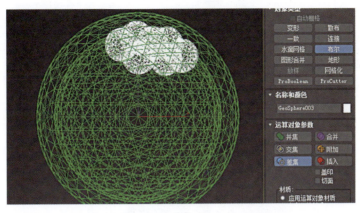

(a)

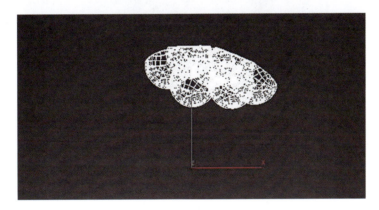

(b)

图 5.2.28

8. 再按"F3"键退出线框模式,如图 5.2.29 所示。

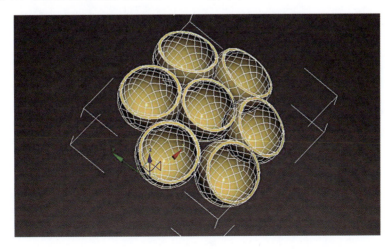

图 5.2.29

9. 最后，在摄影机视角，可以分别渲染出如图5.2.30所示的图像，然后置入Photoshop软件中，加蒙版擦拭。

图 5.2.30

> **注** 一般几何体进行布尔操作后的模型为实心模型，加了"壳"修改器后就为该厚度的壳结构。

5.2.4 吸收结构

1. 选中绿色球团，点击右键选择"隐藏未选定对象"，只留下绿色球团，如图 5.2.31 所示。

图 5.2.31

2. 用快捷键"Ctrl＋V"原地复制一个绿色球团，如图 5.2.32 所示。

图 5.2.32

3. 点击右键选择"转换为可编辑多边形"，在修改面板"选择"下点击"元素"按钮 ▨，全选绿色球团，接着选中缩放命令（快捷键为"R"），缩放类型为：选择并均匀缩放 ▨，使用轴点中心缩放 ▨，如图 5.2.33 所示。

(a)

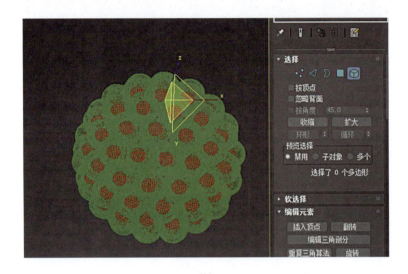

(b)

图 5.2.33

为方便观察可切换线框模式(快捷键为"F3")进行如上缩放,结束后再次点击"元素"按钮 ![] 退出子命令层级。

4. 为外层大的绿色球团设定半透明材质,如图 5.2.34 所示。

图 5.2.34

5. 最后,在摄影机视角,可以分别渲染出如图 5.2.35 所示,然后置入 Photoshop 软件中,加蒙版擦拭。

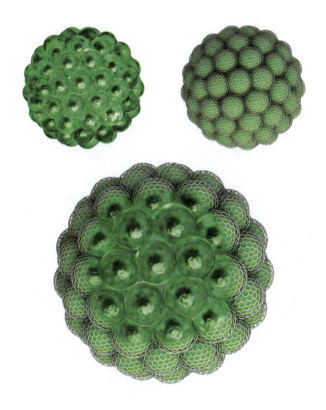

图 5.2.35

5.2.5 游离小球与颗粒

游离小球:只需创建几何球体,然后用"Shift + 中心缩放"复制一个,给定材质即可。拖尾的制作可在 Photoshop 软件中复制一个图层,然后在"滤镜"下的"模糊"中选择动态模糊即可,如图 5.2.36、图 5.2.37 所示。

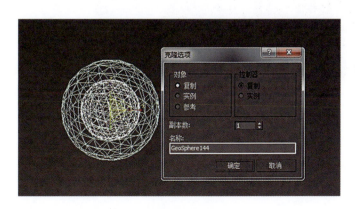

图 5.2.36

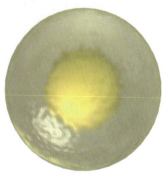

图 5.2.37

远方的小颗粒：小颗粒直选用小球在面上散布即可，与案例"3.3.16 散布小球建模"相同。

5.2.6 箭头

1. 切换到前视图（快捷键为"F"），在"创建"面板的"图形"命令的"样条线"卷展栏中选择"线"命令。然后按住"Shift"键画出箭头的轮廓（按住"Shift"键能够保证线条水平与垂直），如图5.2.38所示。为方便画出二维图形可以打开栅格以做参考（快捷键为"G"）。若对形状不满意可在修改面板中修改点。

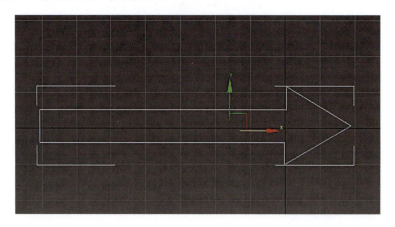

图 5.2.38

2. 在"修改面板"下点击修改器列表右边的小三角形标志，找到并点击"挤出"修改器，并设定合适的数值，如图5.2.39所示。

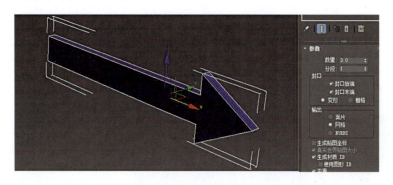

图 5.2.39

3. 在"修改面板"下点击修改器列表右边的小三角形标志，找到并点击"四边形网格化"修改器，参数的"四边形大小"设为2（参数越小，网格越密），如图5.2.40所示。

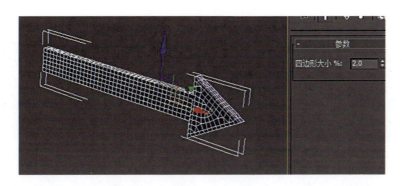

图 5.2.40

4. 在"修改面板"下点击修改器列表右边的小三角形标志,找到并点击"弯曲"修改器,角度设为 60.0,"弯曲轴"选择 X,如图 5.2.41 所示。

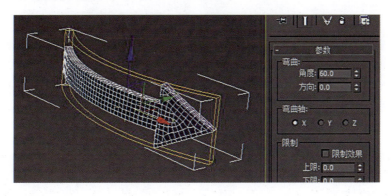

图 5.2.41

5. 最后可再加"涡轮平滑"修改器,视情况而定。把摄影机视角调整好,给定材质,渲染出图,如图 5.2.42 所示。

图 5.2.42

最终,将渲染出的球团阵列、黄色主体物中的几部分、绿色主体物的几部分、游离小分子、小颗粒、箭头在 Photoshop 软件中进行明暗度、整体色调、虚实的调整(图 5.2.43、图 5.2.44),直至最终完图(图 5.2.45)。

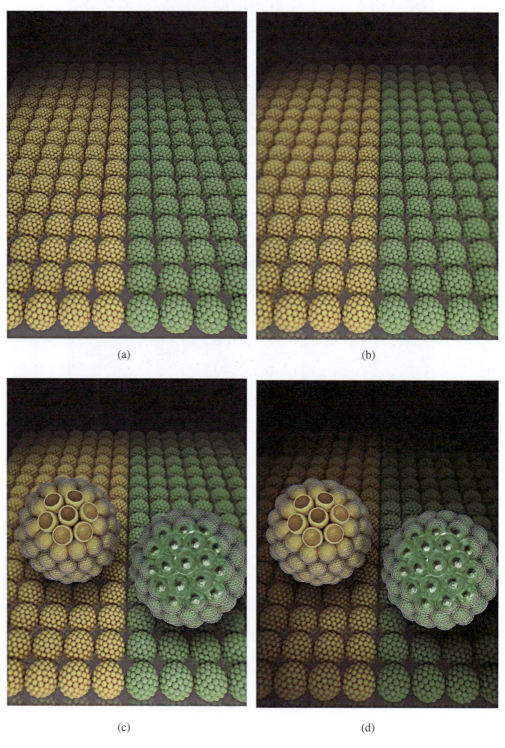

图 5.2.43

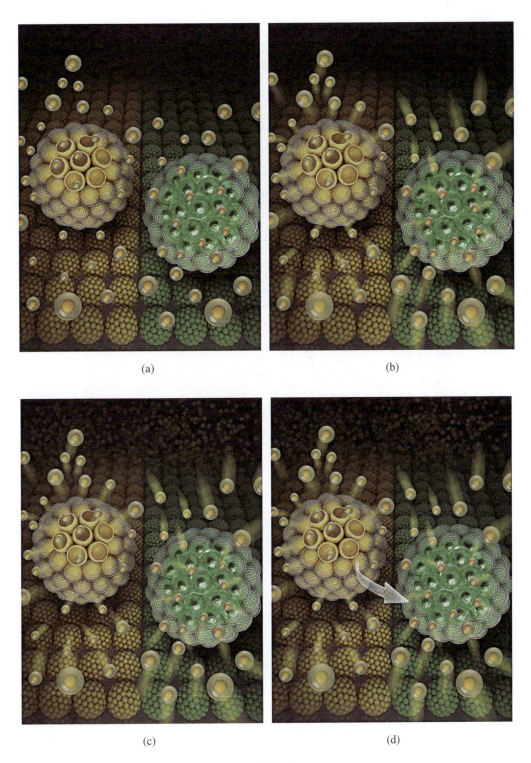

图 5.2.44

图 5.2.45

附录

3ds Max高频使用快捷键及快捷键的获取和自定义

1. 高频使用的快捷键

命令	快捷键	命令	快捷键
新建	Ctrl + N	显示安全框	Shift + F
打开文件	Ctrl + O	约束 X 轴	F5
保存	Ctrl + S	约束 Y 轴	F6
另存	Ctrl + Shift + S	约束 Z 轴	F7
撤消	Ctrl + Z	加亮所选物体切换	F2
窗口最大化切换	Alt + W	线框显示切换	F3
移动	W	在透视图中线框显示切换	F4
旋转	E	约束到 XY/YZ/ZX	平面切换
缩放	R	隐藏灯光切换	Shift + L
锁定/解锁	空格键	隐藏辅助对象切换	Shift + H
开启网格捕捉	S	隐藏几何体切换	Shift + G
对齐	Alt + A	隐藏图形切换	Shift + S
全选	Ctrl + A	隐藏摄像机切换	Shift + C
反选	Ctrl + I	隐藏未选中对象	Alt + I
顶视图	T	打组	Alt + G
底视图	B	打开渲染设置	F10
透视图	P	渲染	Shift + Q
左视图	L	按上次设置渲染	F9
前视图	F	编辑材质球	M
摄像机视口	C	环境对话框切换	8
从视图创建摄像机（透视图）	Ctrl + C		

2. 快捷键的获取和自定义

（1）所有快捷键获取方式：

菜单界面→自定义用户界面→键盘。

可查看所有快捷键。

（2）快捷键自定义方式：

菜单界面→自定义用户界面→键盘。

操作步骤为：首先，选择需要自定义的命令；再输入指定热键；最后，点击"指定"即可。如附图1所示。

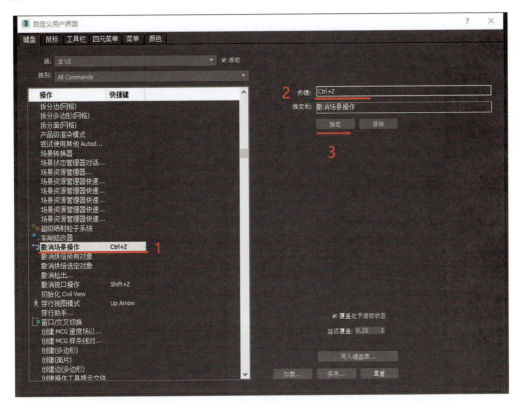

附图 1

1.选择需要自定义的命令；2.输入指定热键；3.指定

案例索引

名称	模型	所在章节
多边形基本体		2.2
异面体		2.3
线（体）	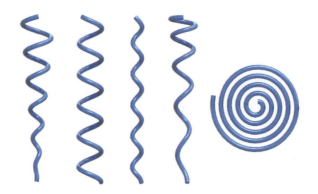	2.4.1～2.4.2
立体文字		2.4.3

名称	模型	所在章节
烧杯		3.2
DNA		3.3.1
电极		3.3.2

案例索引

211

名称	模型	所在章节
单边起掀多层板		3.3.3
核壳		3.3.4
纳米颗粒一		3.3.5
纳米球壳		3.3.6

名称	模型	所在章节
起伏膜层		3.3.7
石墨烯		3.3.8
碳纳米管		3.3.9

名称	模型	所在章节
碳包覆球体		3.3.10
碳包覆八面体		3.3.11
纳米花		3.3.12

名称	模型	所在章节
纳米花棒		3.3.13
纳米颗粒二		3.3.14
纳米颗粒三		3.3.15

名称	模型	所在章节
散布小球		3.3.16
介孔球		3.3.17
纳米颗粒四	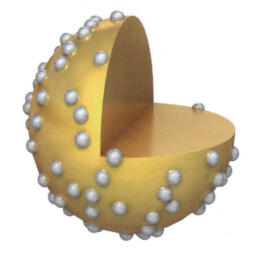	3.3.18

名称	模型	所在章节
纳米颗粒五		3.3.19
多孔材料一		3.3.20
起伏石墨烯		3.4.1

名称	模型	所在章节
不规则多面体		3.4.2
粒子融合效果	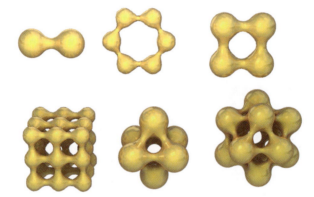	3.5.1
多孔材料二	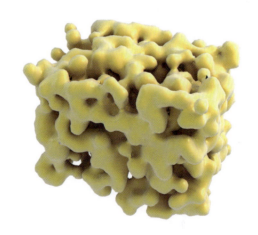	3.5.2

名称	模型	所在章节
配图案例	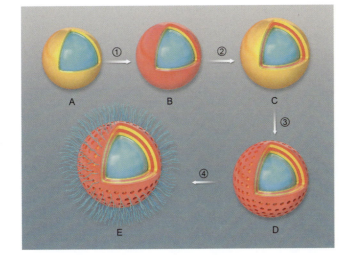	5.1
封面案例	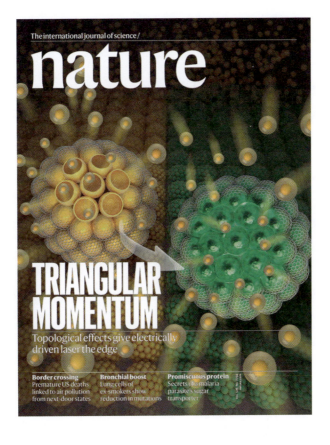	5.2

二

作品赏析

● 轻松搞定科研绘图
● ——3ds Max 实战教程

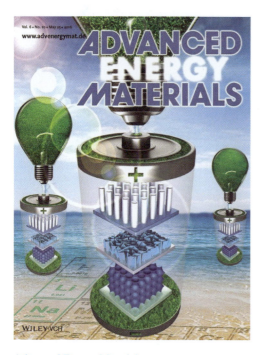

Advanced Energy Materials
Vol. 6, No. 10
May 25, 2016

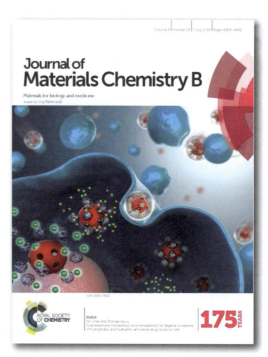

Journal of Materials Chemistry B
Vol. 4, No. 25
July 7, 2016

Nature Reviews Materials
Vol. 1, No. 2
January 27, 2016

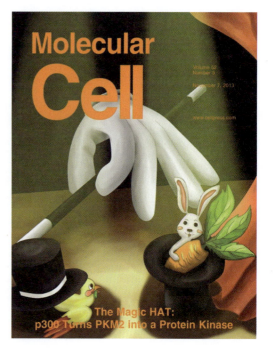

Molecular Cell
Vol. 52, No. 3
November 7, 2013

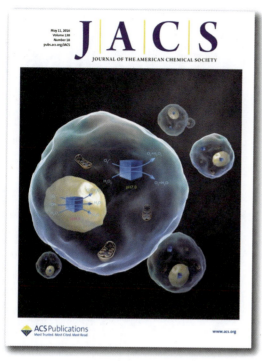

Journal of the American Chemical Society
Vol. 138, No. 18
May 11, 2016

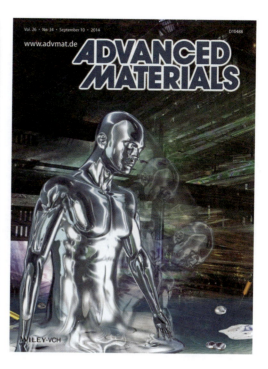

Advanced Materials
Vol. 26, No. 34
September 10, 2014

Angewandte Chemie
Vol. 128, No. 30
July 18, 2016

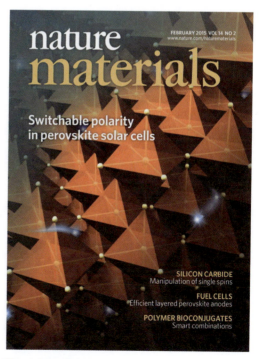

Nature Materials
Vol. 14, No. 2
February 2015

● 轻松搞定科研绘图
● ——3ds Max 实战教程

Nano Research
Vol. 9, No. 6
June 2016

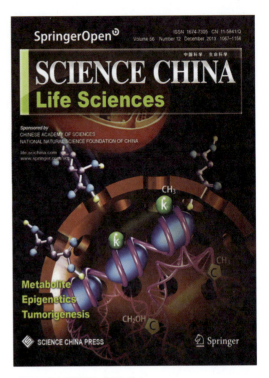

SCIENCE CHINA: Life Sciences
Vol. 56, No. 12
December 2013

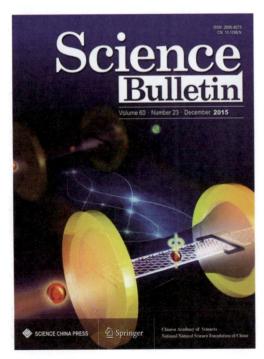

Science Bulletin
Vol. 60, No. 23
December 2015

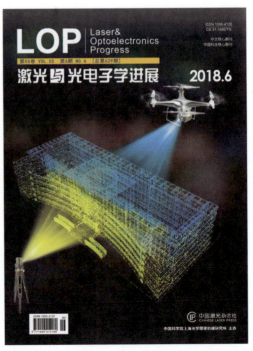

Laser & Optoelectronics Progress 激光与电子学进展
Vol. 55, No. 6
June 2018

作品赏析

Virologica Sinica
Vol. 32, No. 1
February 2017

Chemical Science
Vol. 9, No. 2
January 14, 2018

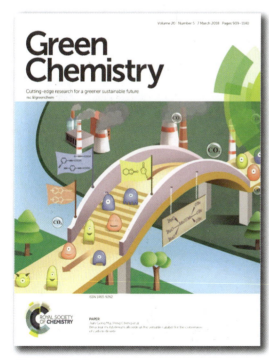

Green Chemistry
Vol. 20, No. 5
March 7, 2018

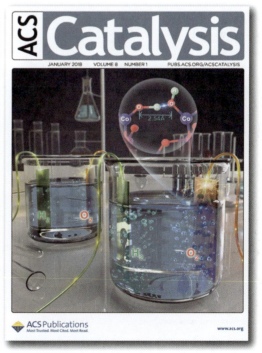

ACS Catalysis
Vol. 8, No. 1
January 2018

The Journal of Clinical Investigation
Vol. 128, No. 6
January 2018

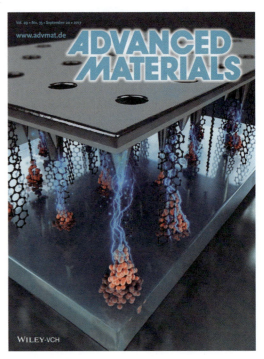

Advanced Materials
Vol. 29, No. 35
September 20, 2017

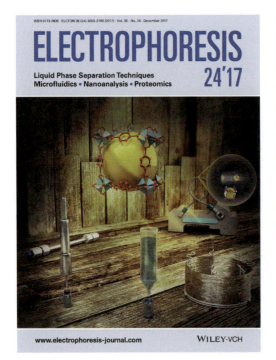

ELECTROPHORESIS
Vol. 38, No. 24
December 2017

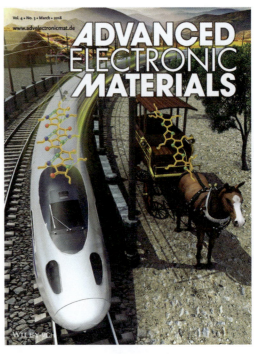

Advanced Electronic Materials
Vol. 4, No. 3
March 2018

作品赏析

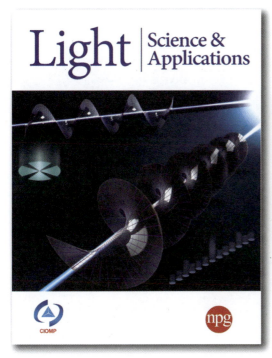

Light: Science & Applications
Vol. 6, No. 7
July 28, 2017

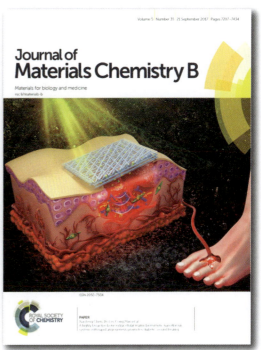

Journal of Materials Chemistry B
Vol. 5, No. 35
September 21, 2017

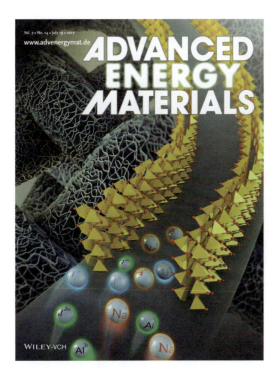

Advanced Energy Materials
Vol. 7, No. 14
July 19, 2017

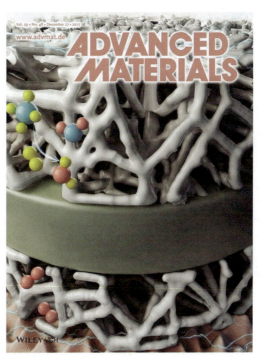

Advanced Materials
Vol. 29, No. 48
December 27, 2017

- 轻松搞定科研绘图
- ——3ds Max 实战教程

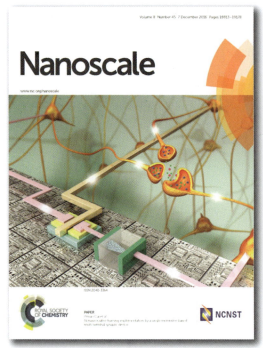

Nanoscale
Vol. 8, No. 45
December 7, 2016

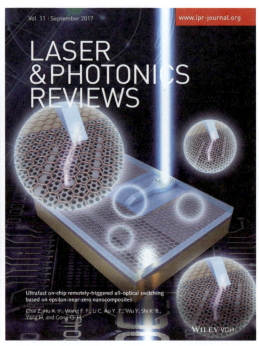

Laser & Photonics Reviews
Vol. 11, No. 5
September 2017

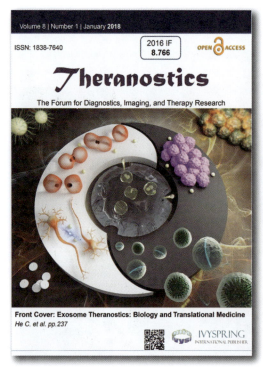

Theranostics
Vol. 8, No. 1
January 2018

Autophagy
Vol. 13, No. 3
2017

作品赏析

Chemical Communications
Vol. 53, No. 11
February 7, 2017

Physical Chemistry Chemical Physics
Vol. 19, No. 14
April 14, 2017

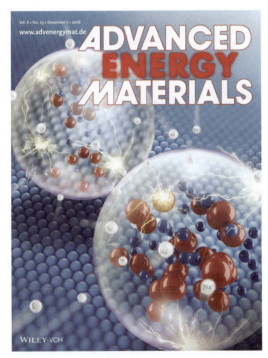

Advanced Energy Materials
Vol. 6, No. 23
December 7, 2016

Journal of Materials Chemistry B
Vol. 6, No. 25
July 7, 2018

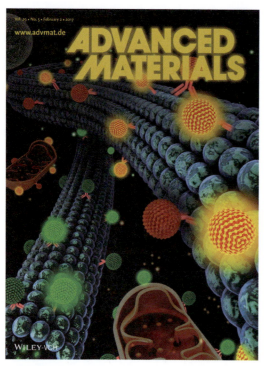

Advanced Materials
Vol. 29, No. 5
February 2, 2017

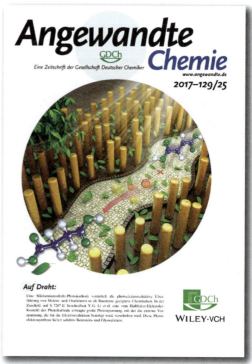

Angewandte Chemie
Vol. 129, No. 25
June 12, 2017

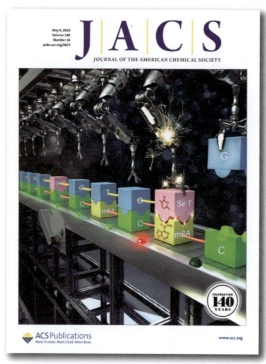

Journal of the American Chemical Society
Vol. 140, No. 18
May 9, 2018

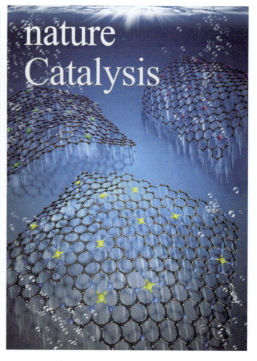

Nature Catalysis
Vol. 1, No. 1
January 2018

作品赏析

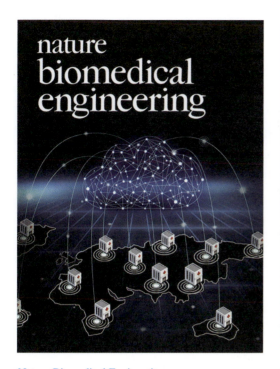

Nature Biomedical Engineering
Vol. 1, No. 2
February 2017

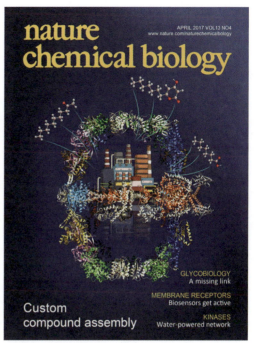

Nature Chemical Biology
Vol. 13, No. 4
April 2017

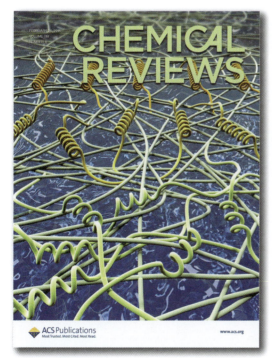

Chemical Reviews
Vol. 118, No. 4
February 28, 2018

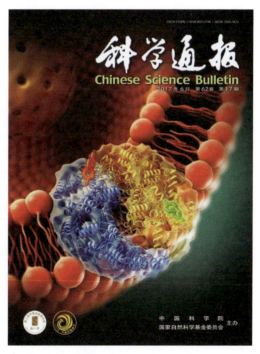

Chinese Science Bulletin
Vol. 62, No. 17
June 2017

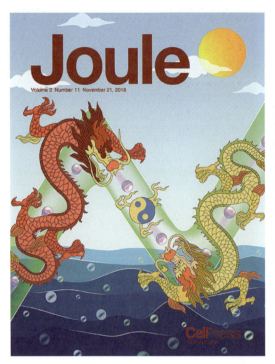

Joule
Vol. 2, No. 11
December 21, 2018

无机化学学报
Vol. 35, No. 1
January 2019

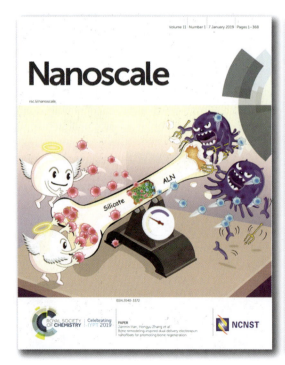

Nanoscale
Vol. 11, No. 1
January 7, 2019

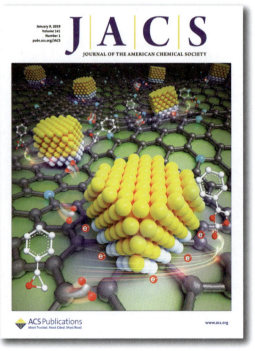

Journal of the American Chemical Society
Vol. 141, No. 1
January 9, 2019

作品赏析

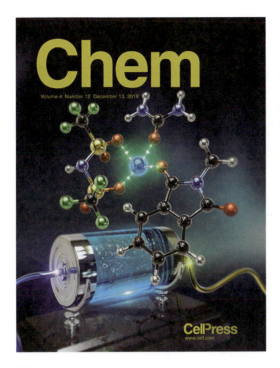

Chem
Vol. 4, No. 12
December 13, 2018

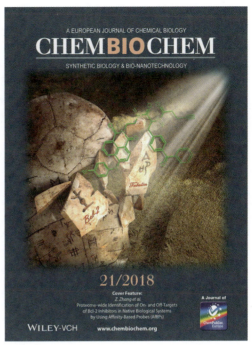

ChemBioChem
Vol. 19, No. 21
November 2, 2018

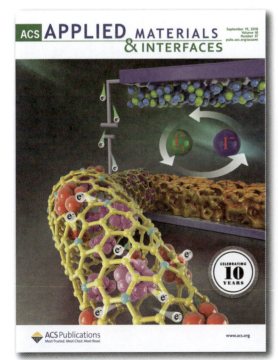

ACS Applied Materials & Interfaces
Vol. 10, No. 37
September 19, 2018

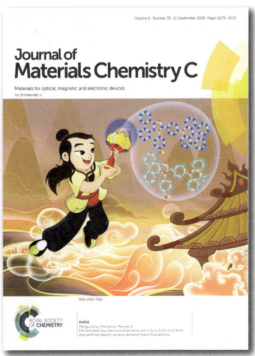

Journal of Materials Chemistry C
Vol. 6, No. 35
September 21, 2018

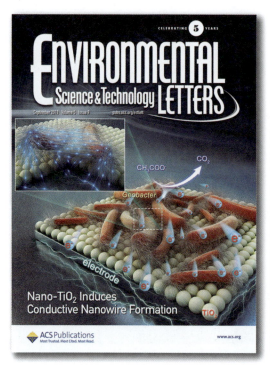

Environmental Science & Technology Letters
Vol. 5, No. 9
September 2018

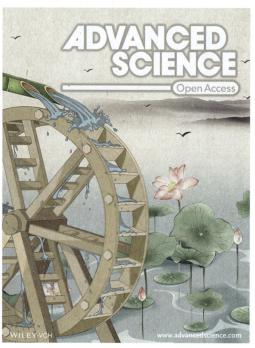

Advanced Science
Vol. 5, No. 8
August 17, 2018

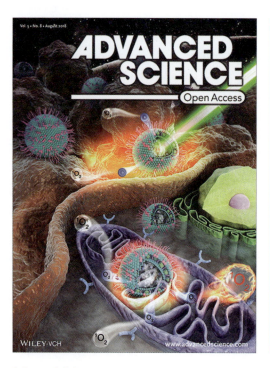

Advanced Science
Vol. 5, No. 8
August 2018

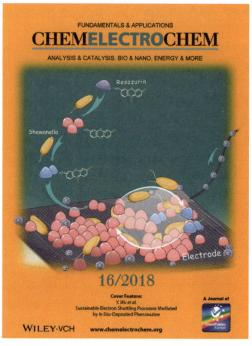

ChemElectroChem
Vol. 5, No. 16
August 9, 2018

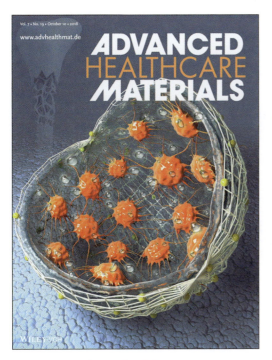

Advanced Healthcare Materials
Vol. 7, No. 19
October 10, 2018

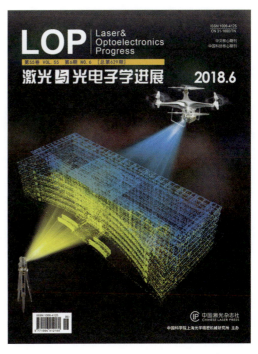

Laser & Optoelectronics Progress 激光与电子学进展
Vol. 55, No. 6
June 2018

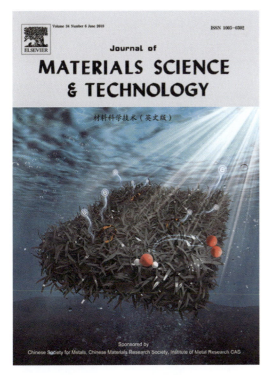

Journal of Materials Science & Technology
Vol. 34, No. 6
June 2018

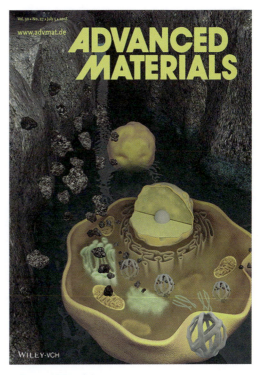

Advanced Materials
Vol. 30, No. 27
July 5, 2018